도해 발생생물학

ILLUSTRATED DEVELOPMENTAL BIOLOGY

Katsutoshi Ishihara 지음
이 화 자 옮김

정 문 각

ILLUSTRATED DEVELOPMENTAL BIOLOGY

by

KATSUTOSHI ISHIHARA DR. SC.

ZUKAI HASSEI SEIBUTSUGAKU

Originally published in Japan in 1998 by SHOKABO PUBLISHING CO., LTD.
Korean translation rights arranged through TOHAN CORPORATION, TOKYO., and SHIN WON AGENCY, SEOUL.

역자 머리말

현재, 발생생물학의 교재로 외국어판 교재와 국문판 교재가 보급되고 있는데 그 내용이 너무 방대하여 한 학기용의 교재로 채택하기에는 다소 무리가 있어왔다. 이에 일서인 〈도해 발생생물학〉은 생물학 관련 전공자들 뿐만 아니라 비전공자들도 교양수준에서 이해할 수 있도록 짜여진 내용의 책으로, 한 학기용의 교재로 적합하다고 판단되어 번역하게 되었다. 본서의 내용은 생식세포의 기원, 성의 분화, 배우자의 형성, 수정, 난의 극성, 난할, 원장배형성, 신경관형성, 배의 극성 및 기관형성을 주로 다루고 있고, 발생과정과 그 기작 그리고 이와 관련된 유전자 발현문제를 쉽게 이해시키는 내용으로 구성되어 있다.

학술용어의 번역에 있어서는, 지금까지 나와 있는 몇 권의 국문판 발생생물학 교재 속의 학술용어는 하나로 통일되지 않고 여러 국문용어로 번역되어 사용되고 있는 학술용어도 있어 다소 혼란스러운 경우도 있는데, 이런 경우는 기존의 번역서에서 주로 많이 사용하고 있고 의미전달이 잘 되는 용어로 번역하였다. 또한 한글로 표기한 경우, 그 의미가 정확하게 전달되지 않는 용어는 한자도 병기하였다.

그리고 여러 차례의 교정작업을 거쳤으나 그래도 수정할 부분이 나온다면 여러분들의 많은 조언을 참조하여 보완할 것을 약속드리며, 본 번역서가 발생생물학에 대해 관심이 있는 모든 분들께 조금이나마 도움이 되었으면 하는 바이다.

끝으로, 이 책을 출판하도록 허락하여 주신 정문각 출판사의 김시동 사장님과 편집과 교정에 많은 수고를 하신 편집부의 직원 여러분들께 깊이 감사드린다.

2008년 12월

이 화 자

머리말

DNA 감정, 유전자 치료, 클론 동물 같은 생물학의 진보를 이야기하는 기사가 신문지상에 자주 등장하는 일이 많아졌다. 이러한 기사는 기초적인 지식을 알지 못하면 내용을 파악할 수 없고 평가나 비판도 할 수 없다. 이러한 기사는 전문가에게 정보를 제공하는 것이 목적이 아니라 일반 독자에게 현재 선두적인 과학이 사회에 끼치는 영향이 크다는 것을 배려하여, 과학의 진보나 과학기술의 현황을 정보로 하여 제공하는 것이다. 그러므로 독자는 기사의 내용을 이해할 수 있는 지식이 요구된다.

전에 자연과학 계통을 공부하는 학생 여러분들에게 도움이 되리라 기원하며 "발생의 프로그램"이라는 책을 출간하였다. 그 때부터 발생학도 급속한 진보를 이루었다. 단순한 진보가 아니라 지금 크게 전환기에 있다는 느낌이 든다. 분자생물학의 진보와 함께 유전자의 해석이나 그 발현기작의 연구를 진행시켜 발생유전학이라 불리며 발생현상을 시간에 따른 유전자발현의 면에서 파악하는 분야가 생겨나고 있다. 이러한 연구가 의학이나 농학에서 응용되어 사회적으로 주목을 받고 있다. 이러한 상황을 보면서, 현재의 과학수준을 이해하기 위하여 도움이 되길 바라며 새로운 시점에서 동물발생의 기작을 고찰하려고 하였다.

그러나 그러기 위해서는 발생학의 기본이 되는 발생과정의 관찰이나 그러한 현상적인 기작을 경시할 수는 없다. 오히려 발생과정이나 그러한 기작을 이해하지 않으면 그들에 관계되는 유전자 발현의 관련을 파악할 수 없다. 그러므로 이 책에서는 발생이란 무엇인가를 프로그램화 되어 있는 발생과정과 유전자 발현에 중점을 두어 고찰하였다. 그 중에서 현재까지 명확히 되어 있는 유도연쇄의 분자생물학적인 해석이나 최근 중요시 되는 극성 등에 상당한 지면을 할애하였다. 그것은 발생이라는 것은 생물의 몸만들기 라는 관점에서부터 출발하여 알에서 성체까지의 발생과정을 통해 극성이나 유도가 기본적으로 중요한 개념이라는 것을 고려했기 때문이다.

이러한 발생학의 급속한 진보를 보며, 이 책에서는 이미 나온 책 "발생의 프로그램"의 내용에 위에 설명한 것과 같은 새로운 내용을 추가로 보완하게 되었다. 이를 위해 내용의 구성을 새롭게 하였다. 예를 들면, 알의 극성이나 배의 극성에 관하여 새로운 장으로 추가하였고, 각 장마다 분자생물학적인 내용을 첨가하였다.

그리하여, 이 책은 "발생의 프로그램"의 속편의 성격을 띠면서도, 발생을 이해한 후 발생과정을 형태적, 현상적인 변화를 기술하여 발생의 모든 내용을 이해할 수 있도록 배려하였다. 특히 흥미를 끄는 내용에 대해서는 각 장 끝에 읽을거리로 정리하여 다소 상세한 설명을 추가하여 흥미와 이해를 돕고자 하였다. 이 책은 발생학을 처음으로 배우는 학생들에게 있어서 이해하기 쉬운 내용으로 꾸며져 있어, 장래에 발전을 위하여 새로운 발상을 이끌어내는 데 도움이 되기를 기원한다. 이 책에서 사용한 용어는 주로 문부성 학술용어집 동물학편(일본동물학회, 1988)과 생물학사전(岩波서점, 1996)에 기준을 두었다. 이 책을 완성하는 데에는 여러 참고서의 적합한 내용과 삽화를 참고로 하였기에 그 분들의 도움에 감사를 전한다. 또한 독자들에게는 참고가 될 수 있도록 참고문헌을 책의 끝에 수록하였다. 한편, 이 책 후반부 대부분의 삽화는 埼玉의과대학 단기대학의 猪又友子 씨와 石黑香代 씨가 그려주었다. 그 분들에게도 감사의 뜻을 전하고 싶다.

마지막으로, 이 책을 감수해 주신 太田次郎 선생과 편집에 맞게 전반적으로 상세한 부분에 까지 배려와 도움을 주신 편집부의 野田昌宏 씨께 깊이 감사드린다.

1998년 11월

石原勝敏

차 례

제 1 장

발생이란?

생물은 알에서 출발하여 모양을 만들고 생명활동을 영위하는 개체를 만든다. 이런 과정을 발생이라 부르고 있다. 그러나 이것은 다종 다양하다. 생물의 다종 다양한 형태는 어떻게 하여 되는 것인가? 이것이 발생학의 명제이다. 현재 자주 일컬어지는 생물의 다양성은 생물 종의 다양성을 의미하고 있다. 그러나 한 개의 개체에서도 각 부분은 놀랄 정도로 다양한 모양과 기능을 가지고 있다. 이러한 종의 다양성과 동일 개체 내의 다양성의 양쪽을 목표로 하여 어떻게 하여 이루어지는지를 해명하려는 분야가 발생학이다.

생물의 종수에 대해서는 동물만 해도 백만 종을 넘는 종수가 기록되어 있지만 발견되지 않은 종이나 식물의 종수를 생각하면 막대한 수가 된다. 그러한 각각의 모양, 기능, 생활양식 등은 다양하며, 오히려 1개의 개체 내에서 조차 기관이나 조직이나 구역이 다양성을 나타내기에 생물의 형태형성의 모든 내용을 파악하는 것은 쉽지 않다. 그 때문에 생물의 발생의 공통성과 종에 따라 다른 특수성을 구별하여 해명하는 것이 중요하게 된다.

종의 다양성은 개개의 종의 유전자 구성으로서 DNA의 속에 짜넣어져 있으며 개체의 각 부분의 다양성은 어떤 유전자가 발현되었는지 혹은 발현하고 있는지에 달려 있다. 다양한 유전자 구성이라고 하는 내재적인 다양성을 구현해가는 과정이 생물의 발생이라고도 말할 수 있으므로 어떤 유전자가 어떻게 발현하고 있고, 어떤 형태형성을 결정하는가가 발생학이라고 할 수도 있다.

하지만 현재로는 발생과정의 전부를 유전자라는 말로 설명할 수 있는 단계는 아니다. 이 책에서는 두 가지에 중점을 두고 고찰한다. 첫 번째는 다양한 생물의 형태형성과 기능의 획득이 어떤 과정을 거쳐 일어나는가에 중점을 두며, 두 번째는 형태의 형성이나 기능의 발현에 유전자(DNA)나 그 산물(RNA, 단백질)이 어떻게 관여하고 있는 가에 중점을 두고 고찰한다.

1.1 몸을 만든다

생물은 알에서 출발하여 수정을 해서 몸이 되고 부모(성체)가 된다. 성체의 몸 속에서 알이나 정자(배우자)가 형성되고, 알이 수정되어 큰 변화를 일으켜 형태를 형성하고 기능을 획득해가는 과정을 **발생**이라고 부르고 있다. 더욱이, 기본적인 몸의 원형이 된 개체의 각 기관 등이 완성되어 생식 등의 모든 생명활동을 행할 수 있게 되는 과정을 **성숙** 또는 **성장**이라고 부르고 있다.

알은 수정에 의해서 활성화되어 세포분열(난할 : 나중에 설명함)이 시작되어 난세포에 경계가 생겨(나중에 설명함), 작은 세포의 수가 늘어나 세포운동이나 세포이동이 가능하게 된다. 그때부터 일어나는 세포의 운동이나 이동은 형태를 만들기 위해서이며 **형태형성운동**이라 부른다. 이러한 운동이 최초로 눈에 보이는 형태가 되어 나타나는 것이 소화관의 초기(원장) 형성이다.

이 시기에는 알은 **배**(나중에 설명함)로 불리워지나 배는 세포 수가 늘어나 층상으로 되어 나누어진다. 처음으로 표면을 덮는 세포층과 내부의 세포층이 구별되고 각각 외배엽, 내배엽으로 불려진다. 고등동물에서는 이 사이에 또 하나의 세포층이 생겨 중배엽으로 불려져 3개의 배엽이 구별된다. 이 과정은 **배엽형성**이라 말하고, 3개의 배엽이 장차 무엇으로 되는가는 알고 있으므로 최초의 세포분화의 방향 혹은 **기관형성**의 예정부위를 알 수 있게 되는 과정이다. 각 배엽은 서로 영향을 미치는 **유도**라 불리는 현상을 일으키고, 그 결과 몸의 각 부분은 장래 무엇으로 되는가라고 하는 발생운명이 최종적으로 결정한다. 더욱이 여러 형태형성운동이 이어지고, 조직이 분화하고, 그것이 통합되어 기관이 형성된다. 그것이 개체의 발생이고 그 과정에서 생물 개체의 다양성이 구체화된다. 이 과정 중에 종의 다양성이 증가된다.

발생의 요점은 **배우자형성 → 알의 활성화(수정) → 난할 → 세포이동(형태형성운동) → 배엽형성 → 유도 → 세포분화 → 기관형성 → 개체형성**의 도식으로 정리된다.

현재의 생물계를 보면 여러 생물이 있다. 짚신벌레와 같은 단세포생물은 수정란이 그대로 완성 개체(성체)로 된 것이 있고, 접합에 의해 유성생식을 행하는 경우에는 감수분열(4장 1절 참조)을 통하여 핵을 교환하고 있다. 중생동물처럼 난할에 의해 세포 수를 늘여 성체로 되고, 세포 수는 적으며(30~40), 그다지 세포분화도 보이지 않는 동물도 있다. 그러나 체세포와 알, 정자의 분화만으로도 자손을 남길 수 있다. 해면동물은 세포 수는 한층 증가하나 배엽의 분화가 없는 구조가 간단한 동물이다. 좀 고등하게 되면 외배엽과 내배엽이 분화하는 강장동물이 있고 뚜렷한 소화관이 생긴다. 많은 동물은 더욱더 중배엽이 분화해 삼배엽을 만들고 생식기관과 배설기관을 가지게 된다. 무척추동물은 신경배 단계로 되지는 않지만 척추동물은 신경배라는 발생단계를 거쳐 분화한 중추신경계와 척추를 가지게 된다(그림 1.1).

이 같은 생물군에 의한 발생양식의 차이는 생물군의 다양성을 이루는 기반이 되지만 더욱더 그 중의 각 생물 종은 각각 고유의 형태와 기능을 갖게 되어 생물 종의 수에 대응하는 많은 다양성의 폭을 넓히고 있다.

본 서에서는 이 같은 생물 다양성의 형성과정을 순서에 따라 고찰해가지만 그 중에서 단순한 것부터 먼저 다루고, 이어서 복잡한 과정을 고찰하기로 한다. 단순한

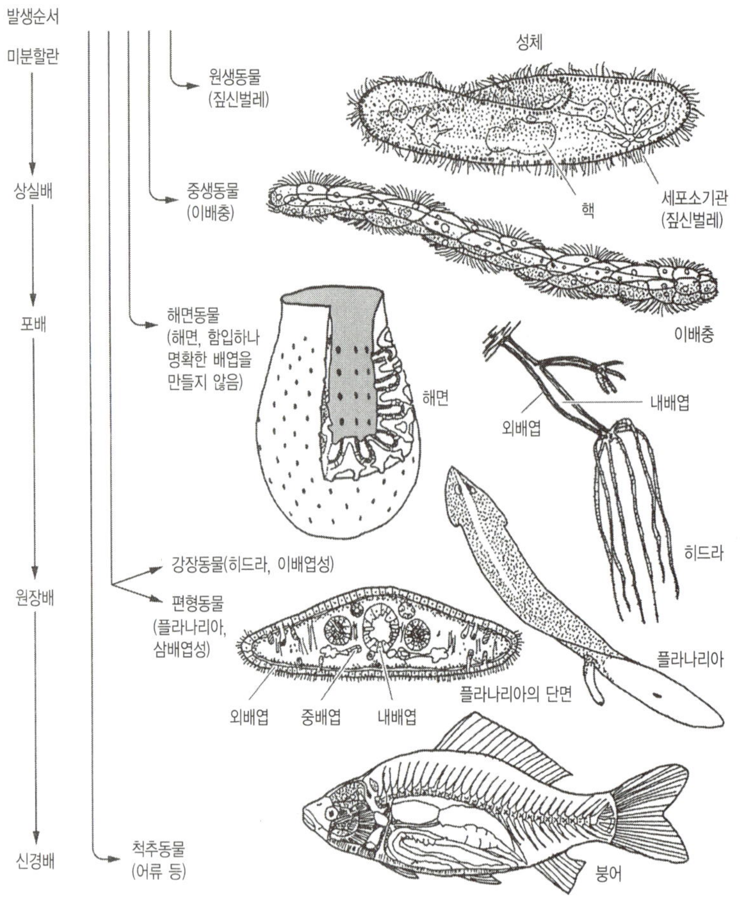

그림 1.1 헤켈의 생물발생 원칙의 개념도

과정 정도는 모든 생물에 공통되는 현상이고, 복잡하게 됨에 따라 생물 종이 제한되어 생물 종 고유의 과정이 보여지지만 그래도 많은 과정은 상당한 종에 보편적인 현상이다. 가령, 척추동물(43,000종 이상), 어류(23,000종 이상), 포유류(4,500종 이상)의 경우에서도 기본적으로는 동일한 원리로 몸이 만들어지고 성장하여 생명 활동을 수행한다.

1.2 시간에 따른 유전자의 발현

생물의 다양성을 유지하고 있는 근본은 **유전자 구성**과 **유전자**의 발현이다. 유전자는 생물의 발생시기와 엄밀히 대응해가면서 발현한다.

원핵세포, 진핵세포를 불문하고 세포 속에는 염색체 혹은 핵이 있다. 거기에는 유전자가 DNA 형태로 들어 있고 유전자는 세포질과 세포외 환경변화 혹은 환경에서 초래되는 정보에 대응해 발현한다.

정자는 세포질을 잃고 완숙한 정자핵의 DNA는 강한 염기성 단백질(프로타민이나 알기닌리치히스톤 등)과 결합해 있으므로 유전자가 발현하는 것은 아니지만 모체 내에 있는 알은 세포질이 많고, DNA와 결합하는 염기성 단백질(리진리치히스톤)도 약하게 결합해 있으므로 환경의 영향을 받기 쉽다. 모체의 상태(호르몬 분비 등)나 알의 성숙도와 모체 내(난소 내)에서의 난의 위치 등에 따라 여러 유전자가 발현하고 알을 성숙으로 이끌거나 알의 방향성(동식물 극성 등: 나중에 설명함)을 결정한다(그림 1.2). 초파리와 같은 곤충류에서는 미수정란 시기에 전후(두미), 배복의 방향도 결정되고 거기에 따라 유전자가 발현하고 그것이 장래의 몸의 방향성(**극성**, 축성: 6장 1절 참조)을 지배한다. 이 같은 알의 방향성에 따라 알 속의 난황과 세포질의 분포의 부분적인 차이를 만들므로 이 부분적인 차이는 난할에서 경계가 생겨 작은 세포로 나누어진 때에 각 세포의 구성성분의 차이를 만드는 원인으로 되고 그것이 유전자 발현의 종류와 양의 차이를 만들므로 난 내의 부분(장소)적인 차이가 발생이 진행되는 시기의 각 부위의 **세포분화**의 방향을 지배하게 된다.

특정의 환경에 처한 세포의 유전자가 발현하면 그 유전자 산물(RNA, 단백질)이 만들어지므로 세포 내는 새로운 환경으로 되고 그것이 다른 유전자의 발현을 유발하게 된다. 이 같은 시간의 변화에 따라 유전자의 연쇄적인 발현은 시간에 따른 질서정연한 생물의 발생을 가능하게 한다.

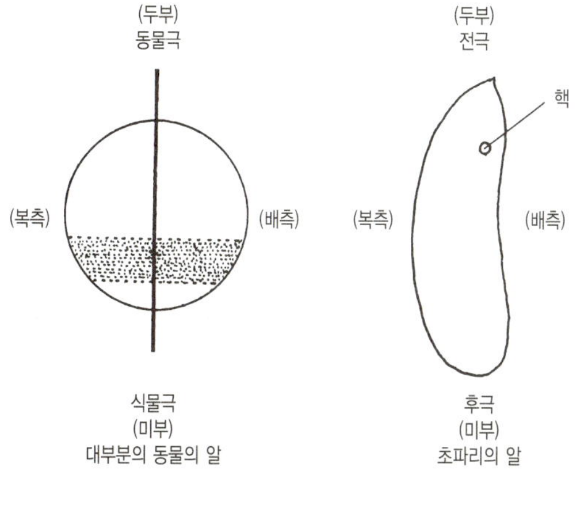

그림 1.2 **알의 방향과 몸의 방향과의 관계**

발생유전학의 연구가 진행되고 있는 곤충류에서는 발생과 유전자 발현의 관계가 잘 알려져 있다. 수정 전의 알에 모체(난소)의 유전자(**모성유전자**라 함)와 알의 유전자가 공동으로 작용하여 알의 두미, 배복, 좌우의 방향성을 확립한다. 여기에 관여하는 유전자는 **극성결정유전자군**으로 불린다. 수정 후 발생이 진행되면 이 방향성에 따라 **체절결정유전자군**(나중에 설명함)이 발현하고

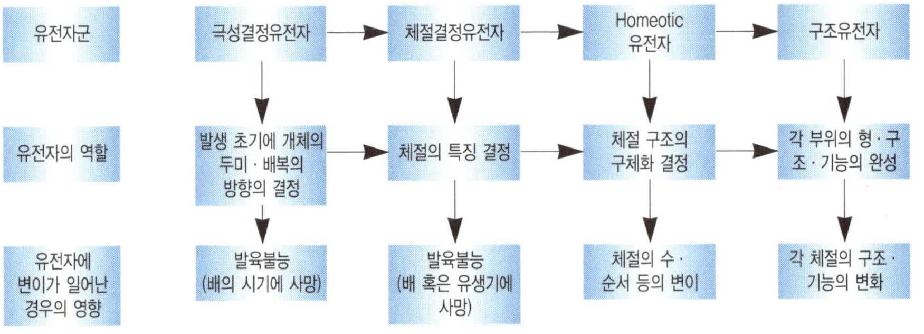

그림 1.3 **연쇄적인 유전자 발현**

이어서 **호메오틱유전자군**(나중에 설명함)이 발현하고, 몸의 각 부위의 발생운명이 결정되어 그것에 따라 각 부위의 구체적인 형태를 만드는 다수의 **구조유전자군**이나 기능에 관계되는(효소를 포함) 생리기능물질 등을 만드는 유전자군이 발현한다고 생각된다(그림 1.3).

그들의 발현에는 보편적 전사인자(기본 전사인자)나 전사조절인자로 불리는 RNA 합성을 조절하는 인자(단백질)나 그들을 만드는 유전자, 더욱더 합성된 단백질의 기능발현까지의 여러 조절 레벨에서 조절되고 있다(나중에 설명함).

이 같은 유전자의 발현은 연쇄적이므로 하나의 유전자의 발현은 거기에 선행하는 유전자의 발현과 그때그때에 정보로서 들어온 새로운 자극과 환경요인에 의해 지배되어 시시각각 변화한다. 유전자의 발현에 호응해서 발생과정이 시간을 따라 진행되지 않으면 정상으로 기능하는 개체를 완성하지 못하는 이유가 여기에 있다.

유전자 발현의 기본적인 기작은 같아도 생물이 가지고 있는 유전자의 종류나 수는 생물 종마다 다르다. 단순한 원핵생물인 대장균에서도 유전자의 수는 DNA의 길이로 생각해도 3,000 정도이다. 더 단순한 바이러스 등에서는 적겠지만 고등한 생물에서는 유전자의 수도 많다. 사람에서는 반수체(n)당 5만~10만 이상으로 생각되고 있다. 이 같은 유전자의 수와 종류의 차이는 발생과정이 종료되고 개체가 완성됨과 함께 생물의 형태와 기능의 다양성으로 나타난다.

본 서에서는 이 두 가지에 중점을 두고 발생기작을 고찰한다. 발생기작의 해명은 연구기술의 발전에 기여해 왔지만 기술의 진보가 기작의 해명을 앞지르는 경우도 있다. 발생학의 진보는 응용면에 이용되어 생물공학의 기술을 발전시켜 클론 생물의 생산도 가능케 했다. 최고의 지능을 가진 사람은 생물학의 발전방향을 지켜보면서 동시에 발전방향을 제어하지 않으면 안 된다.

읽을거리 1. 클론 생물

무성생식이나 영양생식으로 생긴 자손처럼 같은 유전자형을 가지고 있는 여러 생물을 클론 생물이라고 한다.

무성생식으로 증식한 하등동물이나 삽목이나 접목으로 성장한 식물, 땅속줄기로 증식한 식물 등은 모두 클론 생물이다. 최근 화제가 되고 있는 클론 생물에는 어떤 문제가 있을까?

화제가 되고 있는 것은 클론 소나 클론 양처럼 포유류의 클론 동물이다. 포유류에서도 자연상태에서 일란성쌍생체와 같은 유전자형이 같은 동물이 만들어질 수가 있지만 인공적으로 다수의 클론 동물을 만드는 것은 어렵다. 원래 클론 동물의 생산은 유전자 연구 때문에 연구자가 숙지를 모아 개발한 연구기법이였다. 그것이 바이오테크놀로지로 불리우고 집중적인 연구기법의 개발만이 진전되어 실리적으로 응용되었다. 품종계량이나 의학적인 유용물질의 대량생산 등이 그 대표적이다.

클론 동물 만들기에는 현재 두 가지 방법이 있다. 그 하나는 수정한 암컷의 수란관에서 2세포기나 4세포기의 배를 끄집어내어 세포를 분리해 배양하고 배반포기까지 키워서 대리부모의 자궁에 집어넣거나 배반포기의 배를 두 개로 나누어 자궁에 집어넣어 새끼를 키우는 방법이다. 이 방법은 2세포나 4세포로 된 배의 하나하나의 세포가 전능성(몸 전체를 만드는 능력)을 가지고 있는가 어떤가 등을 연구하기 위해서 행해졌다. 4세포기 배의 네 개의 세포가 각각 한 마리의 새끼로 성장하면 4마리의 클론 동물이 생기게 된다. 이 방법으로는 다수의 클론 동물 생산은 기대할 수 없다.

또 하나의 방법은 핵이식으로, 여기에 유전자 조작이 가해졌다. 처음은 개구리를 사용한 실험이었다. 발생이 진전함에 따라 세포 수가 증가하고 분화해 몸의 일부로 되지만 그때 유전자는 어떻게 변화하는 가를 조사하기 위해 알의 핵을 제거해 여기에 발생이 진행된 세포의 핵을 주입 이식하여 그 알이 어떻게 발생하는가를 보았다. 핵이식은 성공하고 알은 정상적인 유생으로 되었다. 포배의 핵이나 올챙이의 창자의 핵을 이식시킨 알은 몸 전체를 만드는 능력을 가져 성장한 올챙이는 유전적으로 알의 성질은 아니고 이식한 핵(유전자)의 성질을 지니고 있었다. 결국 발생이 진전해 세포가 분화해도 유전자는 변하지 않고 게다가 모든 유전자가 이어져 전해지는 것이 증명되었다. 이 방법의 연구와 개발은 포유류로의 응용도 가능하게 했다. 거기에서 현재 만들어지고 있는 것이 클론 마우스, 클론 양, 클론 소 등이다. 처음은 발생초기 배의 핵을 끄집어내어 핵을 제거한 미수정란에 주입해 클론 동물의 생산에 성공했다. 아직 그렇게 다수의 클론은 만들지 못하나 배 세포의 핵은 전부 같아 이론적으로는 배 세포의 수만큼 같은 유전자를 가진 클론 동물의 생산이 가능하다. 최초는 품질이 좋은 양모를 가진 양이나 다량의 양질 우유를 만드는 젖소의 생산이 목적이었지만, 기술의 진보는 이것에 유전자 조작을 가하는 것을 가능하게 했다. DNA 조립이 가능하게 되어 본래 그 동물이 가지고 있지 않은 유전자를 집어넣은 핵이 알에 이식할 수 있는 것으로 되었다. 게다가 세포융합의 기술을 응용함에 따라 미소주사로 알에 주입하지 않아도 알에 핵을 도입할 수 있는 것으로 되었다. 예를 들어, 사람의 인슐린을 집어넣은 소의 핵을 알에 이식하여 그 알에서부터 자란 클론 소는 사람의 인슐린을 만든다. 인슐린은 당뇨병의 치료에 반드시 필요하다.

이렇게 해서 클론 동물은 같은 유전자를 가진 클론 동물의 생산 그것보다도 인류생활의 향상이나 질병치료에 공헌한다. 더욱이 클론 양같은 젖샘세포의 핵이식에 성공하고 있음으로 성장하고 분화한 세포의 핵을 사용해 알로의 핵이식이 가능하게 될 것이다. 그렇게 하면 무한이라고 할 수 있는 정도의 다수의 클론 동물의 생산이 가능하게 된다.

그러나 클론 인간이 만들어지면 문제는 다르다. 만약 그것이 실현되면 인공적으로 유전자를 조립한 인간의 기분은 어떻게 될까? 더욱이 그런 사람이 클론을 형성하는 것이다. 인륜이나 인권의 문제로 끝나는 것일까? 지금 일본은 클론 인간 연구를 금지하고 있다. 클론 동물의 연구는 인류의 복지를 위해 큰 공헌을 하는지도 모른다. 그러나 그 이면에서 언제라도 클론 인간 생산이 가능한 기술이 완성되는지도 모른다. 과학은 예측하지 않은 방향으로 발전하는 것이 종종 있다. 거기에는 연구자의 양식과 책임의 중대함이 내재되어 있다.

제 2 장

몸 속에서 생식세포를 만든다

현존의 생물은 알과 정자 같은 **생식세포**로 불리는 특이한 세포를 만들어 자손을 존속시키고 있다. 생명의 탄생을 말할 때 혹은 고리 모양의 연쇄적인 화제를 말할 때 답할 수 없는 돌고 도는 답을 “알이 먼저인가? 닭이 먼저인가?” 라는 말로 대신할 때가 있다. 이 말은 꽤 깊은 의미가 있다.

생물진화의 흔적을 더듬으면, 단세포의 진핵세포에서 다세포가 생기고, 그것도 광합성 식물이 먼저 생기고, 이윽고 산소량의 증가에 따라 에너지 획득에 효율이 좋은 호흡하는 호기성 생물이 생겼다(그림 2.1). 그들 생물은 처음에는 무성생식으로 증가했을 것이다. 생물의 다양성이 생긴 원인의 하나는 성의 분화라고 말하지만 생물은 어떻게 해서 성을 분화시켜 다양한 자손을 남기는 수단을 획득한 것일까? 자기복제를 하는 RNA 같은 분자나 단백질이 먼저 생기고 거기에서부터 세포의 신화가 일어나고 DNA가 만들어지면 DNA의 복제에 자기복제를 맡기는 것으로 되었다.

자손을 남기는 종의 보존에는 DNA의 복제의 문제가 얽혀 있으므로 다세포생물은 DNA 복제가 주요한 반응계로서 기능하게 되므로 알과 같은 단세포생물에서 출발해 근원이 하나인 것일까? 혹은 세포 진화처럼 단세포생물의 공생이나 군체에서부터 진화한 것일까? 결국, 다세포생물이 체세포 속에서 자손을 남기기 위한 특이한 생식세포를 분화시키는 기능을 가지게 되는 것은 진화의 시간으로서는, 그 정도로 긴 시간을 필요로 하지 않았던 지도 모른다. 생명의 탄생, 신종의 형성, 종의 절멸을 반복한 50억 년의 세월은 상상을 초월한 시간이다.

현존하는 지구상의 단세포생물은 무성적으로 증가하는 것이 가능하나 환경 악화나 노화의 경우에는 유전적으로 같은 세포들 끼리 접합해서 재출발을 한다. 따라서 재출발의 원점은 어버이세포라고도 말할 수 있고 접합해 생긴 신생세포라고도 말

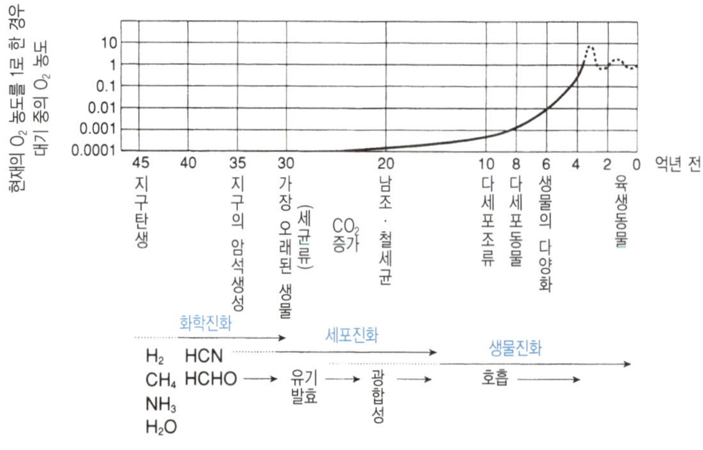

그림 2.1 **대기 중의 산소량의 변화와 세포 진화의 연대**

할 수 있다. 다세포생물에서는 수정란이 발생하고 자라 성체로 되나 알은 성체의 일부 세포의 특이한 분화에 의해 만들어진다. 수명을 가진 생물은 종의 유지를 위해 알에서 성체로의 길과 성체의 생식이라고 하는 연쇄적 순환계를 형성하지 않으면 안 되게 되었다고 생각하면, 생물이 암컷과 수컷이라고 하는 성의 이형성을 확립한 때, 종의 연쇄적인 순환계가 완성되었는지도 모른다. 그것이 현재의 종의 다양성을 만들고 있다.

그것을 이해하기 위해서는 알이나 정자 같은 생식세포가 어떻게 해서 만들어지는 가를 고찰하지 않으면 안 된다.

2.1 체세포와 생식세포의 차이

단세포의 알은 미분화 세포로 다세포로 분화되면서부터 분화의 방향이 정해지는 **간(幹)세포**(줄기세포)이다(그림 2.2). 간세포는 세포 수를 증가함에 따라 환경(다른 세포와의 상대적 위치와 유도 등)의 영향을 받아 서서히 분화의 방향(발생운명)이 정해진다. 세포분화는 몸이 완성될 때까지 계속된다.

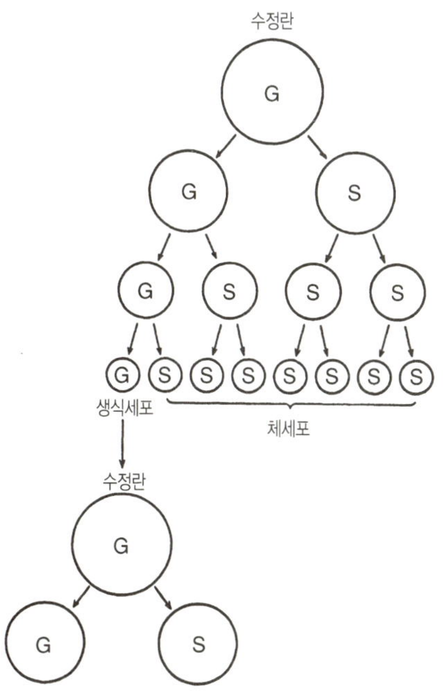

그림 2.2 **세포의 분화. G: 줄기세포, S: 체세포**

개체의 세포는 체세포와 알이나 정자로 되는 생식세포로 크게 구별된다. 개체가 죽을 때는 세포도 죽는다(사실은 역으로, 세포의 죽음이 개체의 죽음을 초래한다). 개체의 생명과 운명을 함께 하는 것이 체세포이다. 그 외에 개체를 떠나 살아가면서 얻는 세포가 있다. 이것이 생식세포이다. 생식세포는 개체가 죽은 후에도 수정에 의해 생명을 다음 세대에 전하는 세포이다. 이 세포는 **감수분열**이라는 특이한 성숙과정을 행하는 능력을 가지고 있다.

생식세포는 생식소(난소와

정소)라 하는 특수한 환경 속에서 보호되고 자란다. 감수분열이라는 특수한 분열에 의해 염색체의 수를 반감시키나 종의 모든 유전자를 지닌 채로 줄기세포로서 미분화상태를 유지하여 수정이라는 행운을 얻으면 다음 세대로 생명을 잇는 것이 가능하다. 수정한 알은 발생을 개시하여 다시 체세포와 생식세포를 만들어 세대를 유지한다. 이것이 (생식) 생물 종을 유지하는 기본원리이다.

2.2 생식세포의 기원

수정란이 수 회 분열하여 몇 개인가의 세포로 나누어졌을 때 제세포와 생식세포의 구별이 가능하다. 몸이 형성된 후에 성체의 난소나 정소에서 생식세포가 만들어지는 것은 아니다. 포유류를 예로 들면, 알로 되는 세포(생식세포)는 태아 속에, 결국 할머니의 몸 속에서 태아(어머니)가 형성될 때 그 발생초기에 다음 세대의 생식세포(아기)가 분화한다(그림 2.3).

이 체세포와 생식세포의 구별이 어떻게 가능한가는 몇 동물에서 알려져 있다. 선충류나 곤충류 등의 무척추동물에서는 알의 일부에 **생식질**로 불리는 세포질이 치우쳐(장래 몸의 후방으로 될 부분에) 분포해 있다. 알의 세포분열에 의해 구분되어

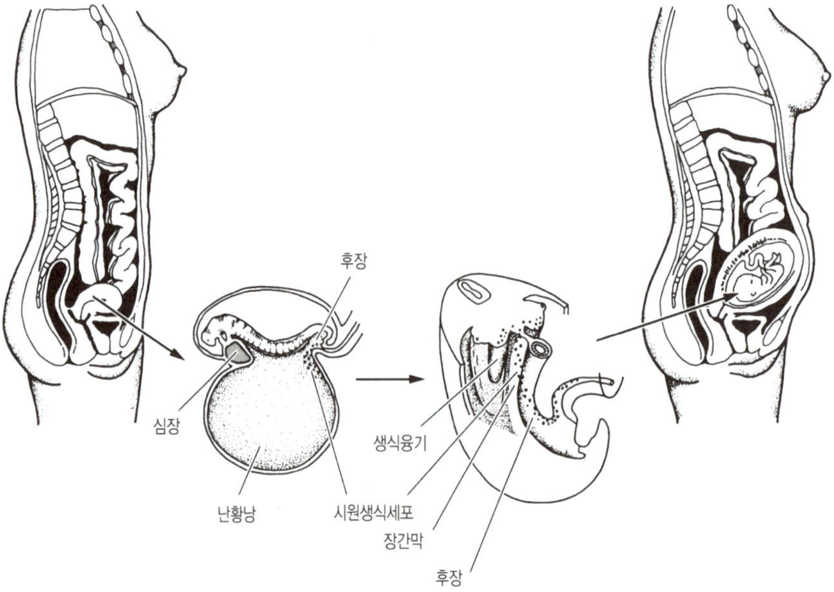

그림 2.3 태아에 형성된 생식세포

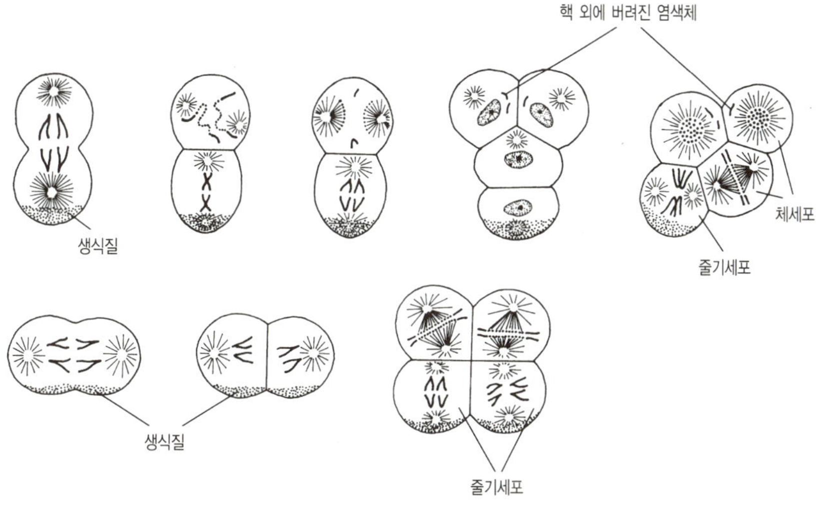

그림 2.4 **말의 회충의 난할과 생식질**

정상난할(위)에서는 4세포기 때 하나의 할구만이 줄기세포(생식세포)로 되고, 원심에 의해 분열장치를 가로로 하면(아래), 4세포기 때 두 개의 할구가 줄기세포로 된다.

생식질을 포함하는 세포와 포함하지 않는 세포가 형성된다. 전자가 생식세포가 되고 후자가 체세포로 된다.

선충류인 말의 회충에는 $2n = 2$ 혹은 $2n = 4$의 종이 있는데, 염색체의 수가 적으므로 염색체의 행동을 추적하기가 쉽다. 이 알의 세포분열에서는 2회째 이후의 분열에서, 식물극 측의 세포를 제외한 세포에서는 염색체의 일부를 핵의 바깥에 버리는 **염색체 감소**라 부르는 현상이 일어난다. 식물극측의 세포에는 생식질이 포함되어 있어 염색체 감소는 일어나지 않아 모든 염색체를 지니고 있는 세포이다. 이것이 생식세포로 된다. 그림 2.4와 같이 실험적으로 원심에 의해 분열장치의 위치를 바꾸어 2개의 세포가 생식질을 포함하도록 하면, 2개의 세포는 염색체 감소를 일으키지 않고 장래의 생식세포로 된다. 이 사실은 생식질이 염색체 감소를 억제하고, 감수분열을 일으켜 세포에 생식세포로 되는 운명을 부여하는 것이라는 사실을 보이고 있다.

*C. elegans*라고 하는 선충에서도 세포의 운명이 잘 밝혀져 있다. 이 알에서는 생식과립(생식질)을 면역항체법과 전자현미경으로 관찰할 수 있다. 미수정란에서는 생식과립은 알의 세포질에 일정하게 분포하고 있지만 수정하면 생식과립이 알의 후방으로 이동해 모인다. 알은 말의 회충과 유사한 분열을 하지만 분열 후에 만들어진 세포 중 후방의 생식과립을 포함하는 세포가 생식세포로 되는 것이 확실시되고 있다. 그러나 생식과립의 본체는 무엇인가? 그 기능과 어떻게 해서 알의 후방

으로 이동하는가 등은 알려져 있지 않다.

곤충류에서는 알의 후부의 생식질부분을 특히 **극(極)세포질**이라 부른다. 초파리에서는 수정 후, 알의 중심부에서 핵분열이 진행되고 곧 핵이 표층부로 이동하며, 난표에서 세포질 분열이 일어나 단번에 다세포로 되나(표할), 알의 후부의 극세포질을 포함하는 세포는 **극(極)세포**로 불리고, 이것이 **생식세포(시원생식세포)**로 된다. 실험적으로 알의 후부의 극세포질을 미소주사기로 빨아 당겨 극세포질이 없는 알의 전방부분에 주입하면, 이 전방부분의 세포가 시원생식세포로 분화한다. 선충에서도 곤충에서도 생식질에 들어 있는 특이한 유전자의 발현이 기대되므로 집중적으로 연구가 진행되고 있다.

양서류도 알의 식물극측에 생식질이 분포해 있다. 생식질은 염기성 색소에 잘 염색되어 전자현미경으로 관찰하면 RNA를 포함하는 과립, 미토콘드리아, 리보솜 등을 지니는 전자밀도가 높은 부분이다. 이것이 세포에 생식세포로 되는 운명을 부여한다. 알의 세포분열이 진행되면 만들어진 세포에는 생식질을 포함하는 세포와 포함하지 않는 세포가 만들어진다. 처음 동안은 생식질을 포함하는 세포(시원생식세포)는 식물극 가까이에 있지만, 분열이 진행됨에 따라 시원생식세포는 동물극 쪽의 배측에 이동하고, 최종적으로는 **생식융기**(후의 난소 혹은 정소)가 형성될 무렵 그 속에 들어가 알 혹은 정자가 된다(그림 2.5).

조류나 포유류에서는, 생식질이라고 말할 만한 것은 발견된 것이 없으나 형태적으로 구별할 수 있는 **시원생식세포**는 배체의 바깥에 있는 난황낭의 상부에 발견된 바 있고(닭에서는 부란 후 20시간 무렵, 사람에서는 수정 후 제4주 22~26일경), 시원생식세포가 이동하여 형성된 **생식융기**에 들어가는 것이 알려져 있다(그림 2.3 참조). 이 때, 조류에서는 시원생식세포는 혈관에 들어가 혈류에 의해 운반되는 것이 알려져 있다. 포유류에서는 혈류에 의하지 않고 세포 운동에 의해 이동하여 난황낭에서 후장, 배측장간막, 생식융기로 향하는 이동의 이치는 알려져 있으나 어떠한 방법으로 무엇을 목표로 해서 이동하는 것일까? 마우스에서는 생식세포의 세포막에 특수한 수용체가 있어 주위의 체세포에 그것과 반응하는 단백질이 있는 것이 알려져, 이들의 단백질을 만드는 유전자의 발현이 생식세포의 증식과 이동의 원동력으로 된다고 생각되고 있다.

생식융기 혹은 난소, 정소에 들어간 시원생식세포는 곧 분화해 알 혹은 정자로 되나, 모든 시원생식세포가 생식소에 들어가지는 않는다. 생식소에 들어가지 못한 생식세포는 곧 퇴화한다. 앞에 설명한 곤충의 극세포질을 전방에 주입한 경우에서도 그 부분의 세포는 시원생식세포가 되기는 하지만 생식소에 들어가지 못하고 퇴화한다.

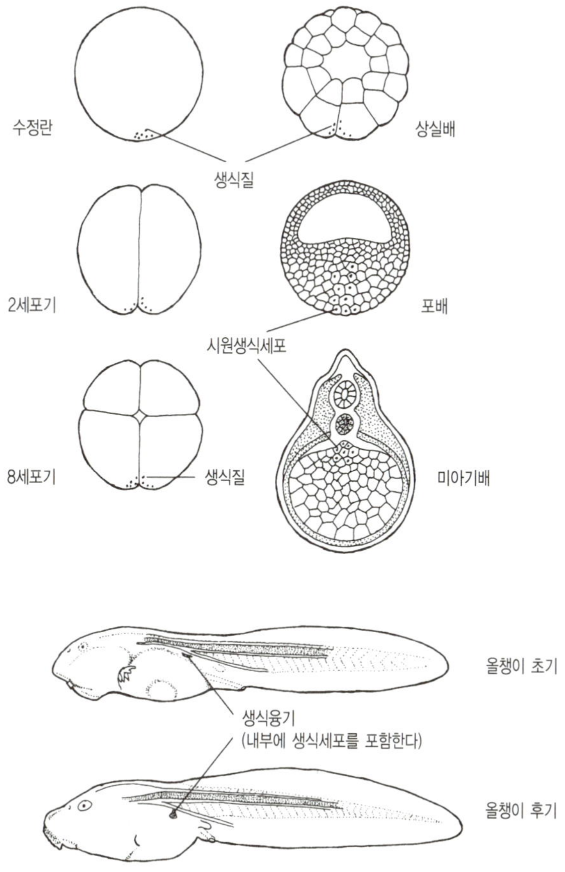

그림 2.5 **개구리의 생식질 분포와 시원생식세포의 이동**

포유류(마우스)에서는, 난소에서 대량의 생식세포가 만들어지나 그 중에서 **난모세포**로 성장해 가는 것은 소수이다. 이 생식세포의 퇴화는 **세포사**(Apoptosis : 11장 3절 참조)에 의한 것이 알려져 있다. 생식세포의 성장은 주위의 난소세포(체세포)가 분비하는 성장인자에 의해 유지되고, 성장인자는 Apoptosis도 억제하며, 그 원인이 되는 유전자의 연구가 진행되어 세포사를 면하고 알로 키우는 억제기구가 주목받고 있다.

읽을거리 2. 시원생식세포는 혈류를 따라 이동하는가?

시원생식세포는 장래의 생식소(생식융기)로 향해 이동하는 방법에는 혈류에 따라 이동하는 경우와 아메바운동에 의해 세포가 일정한 길을 이동하는 경우가 생각되어지고 있다. 조류는 전자의 방법을 취한다(그림 2.6).

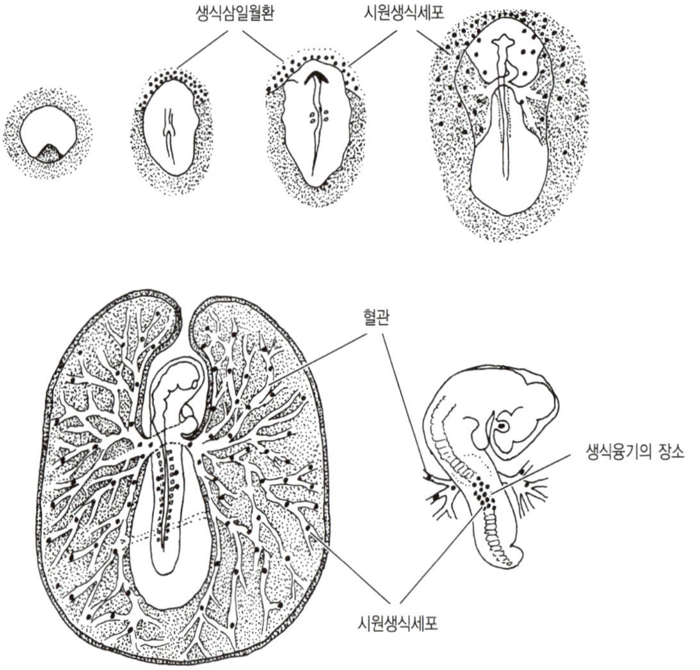

그림 2.6 **닭의 배 발생과 시원생식세포의 이동**

시몬(1960년)은 이것을 교묘한 방법(**병체결합**)으로 증명했다. 닭의 난각에서부터 배를 끄집어내어 **생식삼일월환**(시원생식세포의 어느 부분)을 제거한 배와 어떤 것도 하지 않은 정상인 배와를 함께 늘어놓고 배양한다. 발생이 진전되면 두 개의 배의 혈관이 결합해서 교류하게 된다. 그 결과 정상적인 배의 시원생식세포는 두 개의 배의 생식융기 양쪽에 모인다. 시원생식세포를 포함한 배의 전반부와 생식융기를 가진 배의 후반부와를 병체결합해도 혈관의 합류가 성립하면 생식세포는 똑바로 생식융기에 모인다.

더욱이 정상적인 집오리의 배와 생식융기를 제거한 닭의 배와를 병체결합하면 집오리와 닭의 양쪽 시원생식세포가 집오리의 생식융기에 모였다. 또 자외선 조사로 시원생식세포를 파괴한 닭의 배의 정맥에 칠면조의 시원생식세포를 주입하면 이 세포는 닭의 생식융기에 모여 증식한다는 다른 연구자의 실험결과도 있다.

이들 실험은 조류에서는 종을 불문하고 시원생식세포가 혈류에 따라 생식융기에 모이는 것을 나타내지만 시원생식세포가 혈관에 들어간 때와 생식융기에 접근해 혈관을 나오는 때는 목표 기관의 특이한 물질을 인식해 혈관벽을 통과하는 것 같다. 생식융기를 이동시킨 실험에서 이것이 증명되었다.

제 3 장

성의 분화

체세포에서 나누어져 분화된 생식세포는 배(胚)의 생식융기 혹은 생식소에 들어갈 때까지는 **시원생식세포**라고 불리어진다. 시원생식세포가 난소에 들어가면 성숙하여 난자로, 정소에 들어가면 정자가 된다. 포유류에서는 생식융기(체세포)가 난소(암컷)로 될지 정소(수컷)로 될지는 성염색체의 **성결정유전자**(쥐에서는 *Sry*, 사람은 *SRY*라고 표기된다)에 의해 결정되지만, 생식세포의 성(난자로 될 것인가? 정자로 될 것인가?)도 체세포의 성(수컷이 될 것인가? 암컷이 될 것인가?)과 같이 결정되는 것일까? 또한, 성의 분화에는 동물에 따른 차이는 없는 것일까?

3.1 생식세포의 성(난자 혹은 정자)의 분화

동물에 따라서는 성전환이 용이하게 일어나는 것처럼, 생식세포의 성은 주위의 환경에 상당한 영향을 받는다. 난소 안에서는 난자가, 정소 안에서는 정자가 자라는 것도 난소 또는 정소라는 환경에 지배되는 생식세포의 성의 결정이다.

초파리나 선충에서는 생식세포의 성숙에 연쇄적인 유전자군의 발현이 필요하다는 것이 알려져 난자가 되느냐 정자가 되느냐는 유전자에 지배되고 있지만, 아직 성이 결정되지 않은 생식세포를 난소에 옮기면 난자로, 정소에 옮기면 정자로 되는 것이 알려져, 생식세포 단독의 유전자 발현 외에 모체의 난소와 정소(체세포)의 영향을 강하게 받아 성이 지배되고 있다.

양서류에서도 거의 비슷한 현상이 알려져 있다. 정상발생에서는 암컷의 생식세포는 암컷의 난소에서 자라 난자가 되고, 수컷의 생식세포는 수컷의 정소에서 자라 정자가 된다. 그러나 배가 신경배의 시기에 내배엽(시원생식세포를 포함하고 있지만, 생식소(중배엽유래)는 아직 생기지 않는다. 그림 2.5 참조)을 암컷에서 수컷으로, 또는 수컷에서 암컷으로 교환이식하면 유전적으로는 암컷의 시원생식세포는 이식숙주의 정소에 들어가 정자가 되고, 유전적으로 수컷의 시원생식세포는 난소에 들어가 난자가 된다.

갑각강, 단각류에 속하는 1종과 갑각강, 등각류에 속하는 1종인 *Armadillidium vulgare*의 수컷에서는 **조웅선**(造雄腺, 웅성호르몬을 만드는 내분비기관)이 발달하지만, 조웅선의 발달이나 조웅선의 이식으로 암컷에서도 난소가 퇴화하여 정소가 발달하고 정자를 만든다. 반대로 수컷의 조웅선을 제거하면 난자를 만드는 암컷이 된다.

이러한 사실은 생식세포가 난자로 될지 정자로 될지는 난소나 정소가 분비하는

자성호르몬이나 **웅성호르몬**에 지배된다는 것을 나타낸다. 사실, 어류에서는 성체라도 자성호르몬 안에서 사육하면 암컷이 되고 난자를 만들게 되고, 웅성호르몬 안에서 사육하면 정자를 만드는 수컷이 되는 예가 많이 알려져 있다.

양서류에서도, 유생(올챙이)을 성호르몬 속에서 사육하면 호르몬의 성에 따라 성전환이 일어난다. 그러나 양서류에서는 자성호르몬에 의한 자성으로의 성전환은 비교적 용이하지만 웅성호르몬에 의한 웅성으로의 전환은 용이하지 않다. 그런데 미숙한 정소를 암컷에 이식하면 난소는 정소로 변하여 정자를 만들게 되는 것으로 볼 때, 호르몬 그 자체가 성의 분화를 유도하고 있는 것이 아니라 별도의 난소, 정소 각각에서 유도물질의 분비가 일어난다는 **성분화유도설**(性分化誘導說)이 제창되었다. 그러나 어류에서도 양서류에서도 호르몬 등에 의하여 생식세포의 성(난자나 정자)은 전환하여도, 그 유전자 구성(염색체 구성, XY형, ZW형)은 변하지 않으므로 성전환한 개체에서 만들어진 난자가 수정에 의해 발생하고 성장한 개체의 성은 유전자의 성에 의존한다(3장 2절 참조).

포유류에서는 개체의 성은 성염색체의 성결정유전자(*Sry*, *SRY*)에 의존한다는 사실이 밝혀져 있다(뒷부분에서 설명함). 태아의 발생초기에 난소원기(암컷의 생식융기)에 들어간 시원생식세포는 XY를 가진 세포라도 난자로 분화하고, 정소원기에 들어간 시원생식세포는 XX를 가진 세포라도 정자형성과정에 들어가는 것이 관찰되어지나, 성결정유전자의 지배력이 강하여 배 혹은 태아의 발생이 진행되어 성결정유전자가 발현하게 되면 성결정유전자의 성에 따른다(성결정유전자가 있으면 수컷, 없으면 암컷. 다음 항 참조).

3.2 개체의 성(수컷 혹은 암컷)의 분화

개체의 성의 분화는, 최종적으로 난소가 만들어지는 개체와 정소가 만들어지는 개체로 나누어지는 것으로, 종(種)에 성의 이형성(二型性)이 보여진다. 이러한 분화는 유전자에 의한 경우와 유전자에 의하지 않은 경우가 있다.

유전자에 의한 경우라도, 발생의 초기에는 생식선원기(생식융기)는 어떻게든지 분화하는 능력을 가지고 발생을 행하며, 유전자의 발현에 의하여 어느 쪽의 성(난소 아니면 정소)이 될 경우와 생식선원기에 웅성의 부분과 자성의 부분이 있어, 어느 쪽이 발달하는가에 따라서 성이 분화하는 경우가 있다. 유전자에 의하지 않은 경우에는 파충류와 같이 온도에 의존하는 경우나 파충류와 같이 상염색체와 성염색체의 염색체 구성비에 따른 경우가 있다.

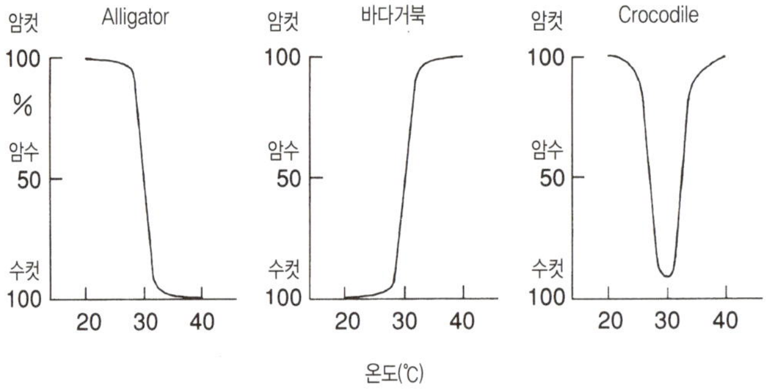

그림 3.1 **파충류의 성의 온도의존성**

파충류에는 성염색체가 밝혀져 있지 않은 것이 많으며, 그 중에서 산란된 난자가 부화하기까지의 온도에 의존하여 성이 분화하는 것이 있다. 도마뱀류나 미시시피 악어 등은 온도가 낮으면 암컷으로 되고, 높으면 수컷이 된다. 반대로, 바다거북 등에서는 온도가 낮으면 수컷이 되고, 높으면 암컷이 된다. 이러한 온도차는 극적으로 겨우 2~3℃의 차이에 의하여 성이 변화한다(그림 3.1). 어떠한 방법으로 성의 분화가 일어나는 가는 밝혀지지 않았으나 성결정유전자가 염색체의 어딘가에 있으며, 그 발현이 온도에 지배된다고 생각하면 이해하기가 쉽다.

무척추동물에서는 동시적 자웅동체, 경시(經時)적 자웅동체(웅성선숙, 자성선숙, 환경의존적 성전환 등), 간성, 초웅, 초자 등이 있으며, 통일적으로 성염색체에 성결정의 방법을 구하는 것은 불가능하다.

많은 곤충의 성염색체 구성은 암컷이 XX, 수컷이 XY 혹은 XO이지만 초파리의 성은 X 염색체와 상염색체(A)의 비에 의하여 결정되며, Y 염색체는 관여하지 않는다. 표 3.1과 같이 X/A 비가 1 이상이면 암컷, 0.5 이하이면 수컷이 된다는 것에서, X 염색체상에는 다수의 암컷 결정유전자와 소수의 수컷 결정유전자가 있고, 반대로 상염색체에는 다수의 수컷 결정유전자와 소수의 암컷 결정유전자가 있어 그 유전자의 밸런스가 X/A 비에 반영되어, 개체의 성이 결정된다고 생각되어지고 있다(브릭지스의 **밸런스설**).

표 3.1 **초파리의 염색체 구성과 성**

염색체 구성	X/A비	성
XXX2A	1.5	암컷
XXXX3A	1.33	암컷
XXXX4A	1.0	암컷
XXX3A	1.0	암컷
XX2A	1.0	암컷
XA	1.0	암컷
XX3A	0.67	간성
X2A	0.5	수컷
X3A	0.33	수컷

초파리의 최근 연구에서 **성결정유전자** *Sxl*(Sex-lethal) 등이 보여지고 있다. X/A의 비의 정보가 *Sxl*에 전해져, *Sxl*이 발현되면 암컷분화유전자군이 연쇄적으로 발현되어 수컷분화유전자군을 억제하여 암컷으로 되고, *Sxl*이 발현되지 않으면 수컷분화유전자군이 발현하여 암컷분화유전자군을 억제하여 수컷으로 된다는 것이 밝혀졌다.

선충은 자웅동체로 희귀하게 수컷이 태어난다. 성염색체의 구성은 자웅동체 종에서는 XX, 수컷에서는 XO이다. 선충에서는 연쇄적인 성분화유전자군(*xol-1* → *her-1* → *tra-1* 등)이 있어, 연쇄적으로 어떤 유전자가 강하게 발현되는가에 의존한다. 예를 들면, XX형에서는 *her-1*도 *tra-1*도 강하게 발현되어 난소와 정소가 함께 발달하여 자웅동체가 된다. XO형은 *xol-1*은 강하게 발현하지만 *tra-1*은 발현하지 않고, 정소만이 발달하여 수컷이 된다.

양서류의 성염색체 구성에는 포유류와 같이 XY형과 조류와 같은 ZW형의 양쪽의 형이 있다. 성염색체가 수컷으로 헤테로가 되어 있을 때 XY로 표현하며, 호모

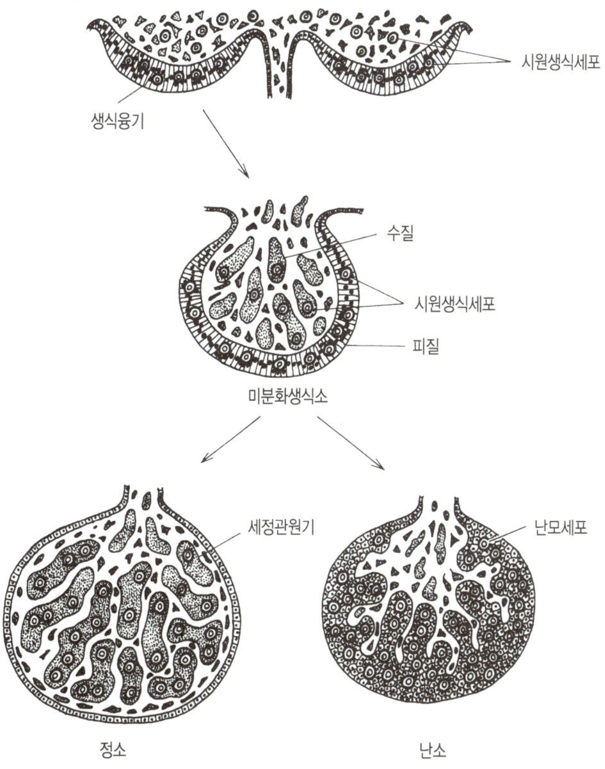

그림 3.2 척추동물의 생식소 분화

의 암컷은 XX로 표시한다. 반대로, 암컷으로 헤테로가 되어 있을 때는 혼란을 피하기 위하여 암컷을 ZW라고 표시하고, 호모의 수컷을 ZZ라 표시한다. 개구리나 송장개구리는 XY형이고, 두꺼비나 아프리카발톱개구리는 ZW형이다.

양서류의 생식융기는 표층의 피질과 내부의 수질로 되어 있다. 암컷에서는 피질이 발달하여 난소가 되고, 수컷에서는 수질이 발달하여 정소가 된다(그림 3.2).

그림 3.3 아프리카발톱개구리(암컷 hetero)의 교배에 의한 유전자형과 표현형
수컷을 자성호르몬으로 성전환한 암컷과 정상 수컷을 교배하면 그 새끼는 모두 수컷이 된다.

물론, 기본적으로는 유전자군의 지배에 의하여 이러한 차이가 생기지만 직접적으로는 호르몬이 강하게 영향력을 가진다. 앞에서 말했듯이, 아직 생식융기가 발달하지 않은 올챙이를 웅성호르몬 속에서 키우는가? 자성호르몬 속에서 키우는가?에 따라서 양서류의 성은 호르몬의 성에 의하여 결정된다. 사육이 쉬운 아프리카발톱개구리의 ZZ형(본래는 수컷)의 올챙이를 자성호르몬 안에서 키우면 난자를 만드는 암컷이 된다. 이 성전환 암컷과 정상 수컷을 교배하면 양친의 유전자형이 같이 ZZ이기 때문에 태어나는 자식의 성은 모두 수컷이 된다. 결국, 기능적인 성전환이 일어나도 유전자형은 변하지 않는다(그림 3.3).

3.3 사람의 성

포유류의 성염색체 구성은 XY형으로, 사람에서는 배우자 형성 시에 염색체 불분리현상이 일어나고, 성염색체의 결실이나 중복 등의 예를 볼 수 있다. 그리하여 XO, XXX, XXY, XXXY 등의 염색체 구성을 가진 예가 있다. 이러한 경우 X 염색체의 수와는 관계없이 Y 염색체가 한 개 있으면 남성이 되는 것이므로 Y 염색체상에 성결정유전자(**정소결정유전자**)가 있으며, 이것이 있으면 남성이 되고, 없으면 여성이 된다. 그런데 드물게 XX의 남성, XY의 여성이 있음을 알고, 염색체 및 DNA의 연구가 진행되었다.

사람의 몸의 기본은 여성형이며, Y 염색체가 없으면 여성이 된다. 정상적인 XX의 여성 외에 XO(불임), XXX, XXXX 등의 여성도 알려져 있다. 반대로 남성에는 정상 XY 외에 XXYY, XXXYY 등이 알려져 있지만 여분의 X가 여성다움을, 여분의 Y가 남성다움을 더 증가시키는 것은 아니다.

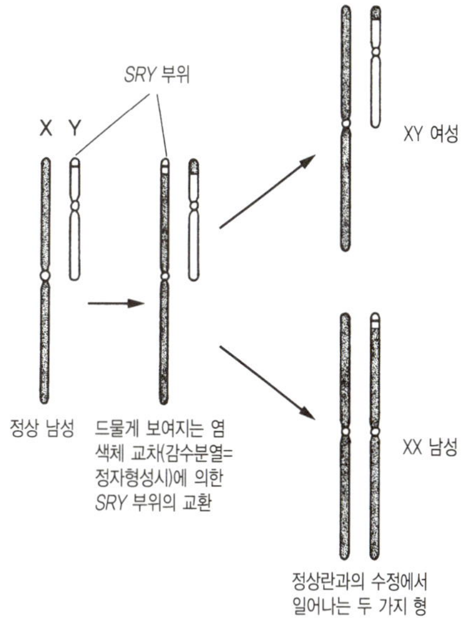

그림 3.4 **사람의 염색체 교환에 의해 일어나는 성전환**

Y 염색체의 단완에 정소결정유전자가 있다는 것은 오래 전부터 생각되었지만, 최근 들어서 **성결정유전자**로서 *SRY*(마우스는 *Sry*)가 분리되었다. 마우스에서 Y 염색체 단완의 *Sry* 부위를 제거하면 암컷이 되고, *Sry* 부위의 DNA를 삽입하면 수컷이 되는 것이 밝혀졌다. 앞에서 말한 XX의 수컷 혹은 남성의 경우에는 Y 염색체의 *SRY* 부위가 전이하여 여분으로 추가되어 있는 것이 밝혀졌고, 반대로 XY의 여성의 경우에는 Y 염색체의 *SRY* 부위가 결실되어 있는 것이 밝혀졌다(그림 3.4).

그러나 *SRY*만 있다면 완전히 기능적인 남성이며, *SRY*만 없다면 기능적인 여성인가? 라고 한다면 그렇지는 않으며 난형성능, 정자형성능, 부속생식기관의 발달 등에서는 그 외의 여러 가지 유전자의 관여가 필요하게 된다. 예를 들면, 앞에서 말한 *Sry* 유전자를 도입한 마우스의 난자는 유전자형은 XX라도 정소가 생겨 수컷이 되지만, 이 수컷은 Y 염색체의 *Sry* 이외의 부위를 가지고 있지 않으므로 정자형성을 할 수 없어서 불임이 된다. 또한, 정소를 가지고 있지만, 이차성징 등은 여성이 되는 고환성여성화증의 유전자(*Tfm*)가 X 염색체 상에 있음이 발견되었다. *Tfm* 유전자는 테스토스테론과 같은 남성호르몬의 수용체 단백질을 만드는 유전자로, 이것이 결여되면 *SRY*가 있어 정소(고환)는 형성되어도 그 곳에서 생산되는 남성의 호르몬에 대하여 감수성이 없으므로 이차성징 등은 여성화되어 버린다.

읽을거리 3. 자웅동체

식물은 물론 동물 중에서도 자웅동체의 종은 많다. 자웅동체는 하나의 개체가 난소와 정소 양쪽을 가지고 있는 것이다. 자웅동체에는 계시적(繼時的) 자웅동체 등도 있지만 여기에서는 동시적 자웅동체의 동물에 대해 알아본다.

*C. elegans*라고 하는 선충은 난소와 정소의 양쪽을 가지고 있다. 난모세포는 자궁에 이동하는 도중에 정자와 만나 수정하면서 산란된다. 따라서 이 선충은 교미하는 것도 아니고 체내에서 자가수정을 한다. 그러나 이 선충에도 드물

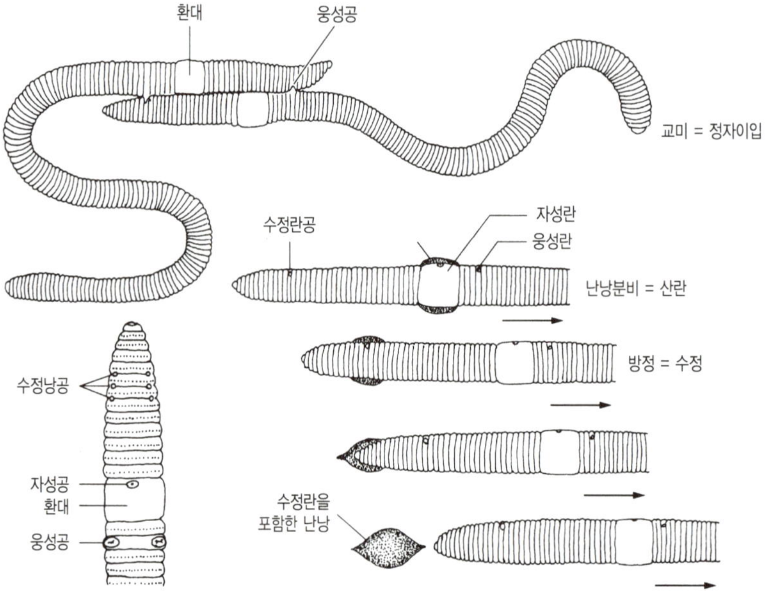

그림 3.5 **지렁이의 교미와 난낭의 형성**

게 자웅이체의 개체가 있고 진화적으로는 자웅이체에서 자웅동체로 진화하고 번식전략을 강화했다라고 생각되어지고 있다.

지렁이도 역시 자웅동체이다. 지렁이는 그림 3.5처럼 교미하고 서로 웅성공에서 상대의 3쌍의 수정낭공으로 세 번 몸을 겹치지 않도록 위치를 조금 옮겨 정자를 이동하고 수정낭공에 정자를 넣어둔다. 산란시는 자성공에서 알과 젤리를 방출하고 환대에서 특이한 난낭(**코쿤**)을 만든다. 여기에서부터 지렁이는 몸을 후퇴시켜 난낭을 앞으로 이동시켜 수정낭공에서 정자를 받아 수정하고 그 후 몸을 후퇴시켜 수정란이 들어온 난낭을 제거해 버린다. 따라서 지렁이는 타가수정이고 체외수정이다.

자웅동체로 되는 방법은 모른다. 선충에서는 자웅동체로 되는 것은 전사인자를 만드는 *tra-1*이라는 유전자의 발현이 필요하다고 알고 있지만(3장 2절 참조) 어떤 시그널로 발현하는지? 또한 어떻게 해서 난소와 정소의 양쪽이 만들어지는 것인가? 모르는 것이 많다.

제 4 장

배우자의 형성

미분화의 간세포인 시원생식세포는 생식융기에 들어가 생식융기의 발달에 따라서 수컷 혹은 암컷인지의 성을 결정을 받으면, 여기서부터 각각의 특이한 감수분열을 행하여 정자형성이나 난자형성의 길을 걷는다. 이 과정에서 정자는 정자변태를 일으키며, 난자는 수정을 하지 않으면 완전한 감수분열을 끝마치지 못하는 복잡한 문제가 있다.

4.1 정자형성

시원생식세포가 배 또는 태아의 생식융기에 들어가 생식융기가 유전적인 성의 영향을 받아 발달하여 정소라 불리게 될 만큼이 되면, 시원생식세포는 **정원세포**라 불린다. 양서류 등에서는 생식융기는 외부의 피질과 그 내부의 수질로 되어 있고 내부의 수질은 정원세포를 포함한 관상으로 발달하여 정소가 된다(그림 3.2). 정자형성은 여기서 유전자나 호르몬 등의 영향을 받아 정원세포에서 정자가 형성되는 데까지의 과정이다. 정자형성은 번식기에 일시적으로 정소가 형성되는 하등동물이나 성체가 되어 처음으로 정소가 기능하는 척추동물의 경우에도 정소가 성숙한 이후에 일어난다.

정원세포($2n$)은 분열을 반복하여 증식하며, 그 일부는 영양을 축적하고 성장하며 비대해진다. 이것을 **1차 정모세포**($2n$)이라 한다. 1차 정모세포는 DNA 합성을 일으켜, DNA를 배가($2n \times 2$: 핵상은 $2n$이나 DNA는 2배)하여, 2회의 **감수분열**(**성숙분열**)을 일으킨다. 1회째의 제1감수분열에서 핵상은 $n \times 2$가 되고, 세포는 **2차 정모세포**라 불리게 된다. 다음의 제2감수분열에서 핵상은 n이 되고, 세포는 **정세포**라 불린다. 따라서 정세포는 핵상 n의 감수분열을 완료한 세포이지만, 여기서 현저한 형태변화를 일으켜 정자가 된다. 이 과정을 **정자변태**라고 한다. 정자형성에서는 2회에 걸친 분열로 1개의 정원세포에서 4개의 정자가 생긴다. 이 과정으로 감수분열(그림 4.1)과 정자변태(그림 4.2)가 일어나기 때문에 유전자와 호르몬의 영향에 의하여 진행된다.

감수분열의 특징은 체세포의 복상 $2n$의 염색체가 DNA 양이 두 배가 된 후에 2회의 분열로 단상의 n이 되는 것과 1회째의 제1감수분열을 할 때 동종의 유전형질을 담당하는 부계와 모계의 염색체, 즉 상동염색체가 짝이 되어 접착하는 것이다. 후자는 중요한 현상으로써 **대합**(對合)이라 한다. 체세포분열에서 대합은 일어나지 않는다. 대합한 상동염색체끼리의 사이에 **교차**(바꿈)가 일어나(체세포학적으로 이 부분을 **키아즈마**, Chiasma라 함), DNA의 부분적인 교환이 일어나는 경우가 있

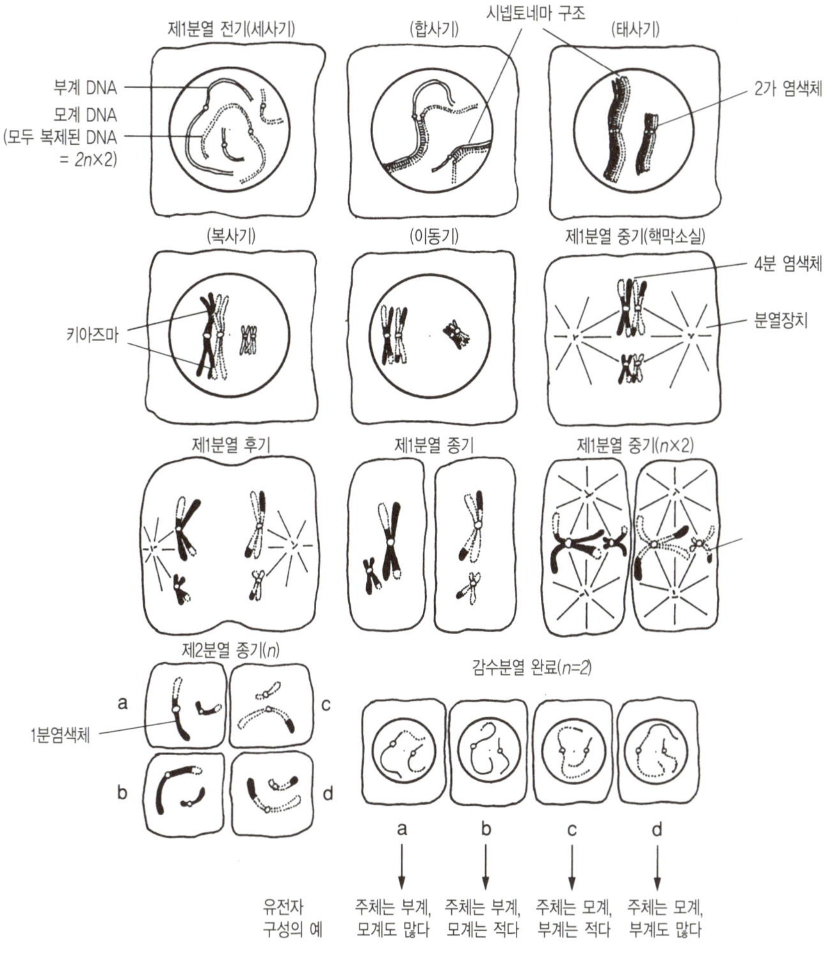

그림 4.1 감수분열에 의한 유전자 조합의 다양성

다. 이 때문에 자식은 부계의 유전자와 모계의 유전자를 여러 가지의 경우에 의하여 받아들이게 되고 자손의 다양성이 생긴다.

이러한 다양성은 진화의 측면에서도 유리한 현상이라 생각되어지고 있다. 2번째의 제2감수분열을 할 때 DNA가 2배가 되어 세로로 나누어진 염색체가 떨어져서 따로따로 세포에 나눠어질 뿐이다. 그 결과 한 개의 정원세포에서 핵상 n의 정세포가 4개씩 생기게 된다.

이어서 일어나는 정자변태의 특징은, 대부분의 세포질을 제거하고 운동기관으로서 기능하는 편모(미부)를 만드는 것이다. 정자의 두부는 골지체가 발달하여 첨체가 형성되고, 미부에서는 중심체가 발달하여 편모의 축사를 만든다(그림 4.2).

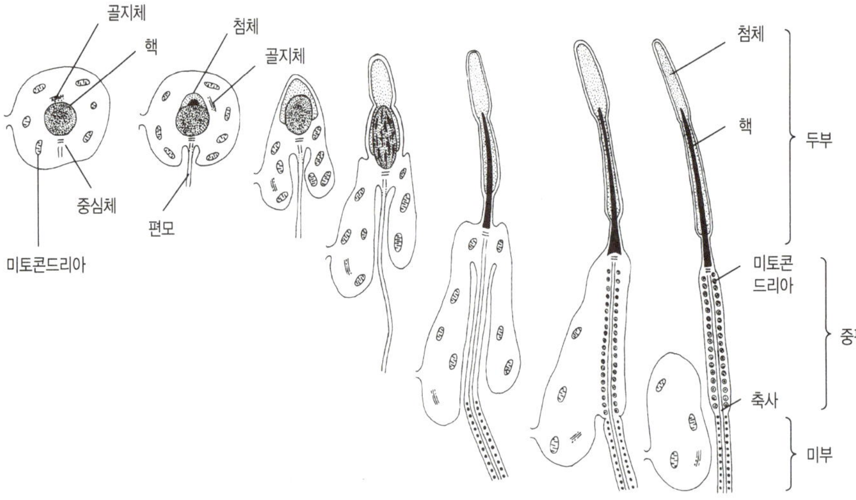

그림 4.2 **사람의 정자형성 모식도**

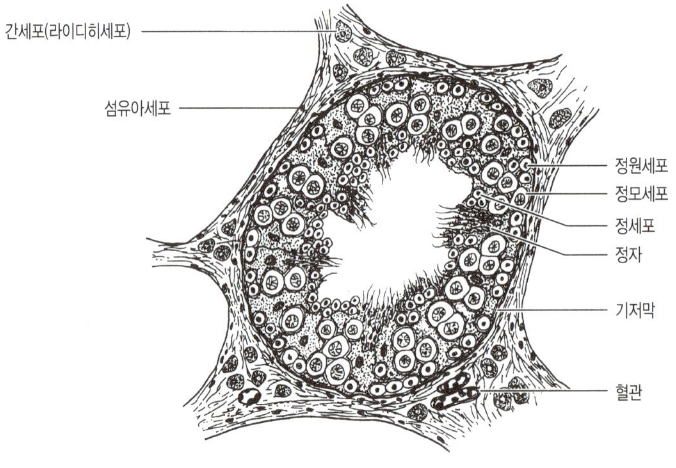

그림 4.3 **사람의 고환(정세관) 단면도**

이러한 변화에 유전자나 호르몬은 어떤 방법으로 관여하고 있는 것일까?

고환은 정자를 만드는 세정관의 집합체로서, 세정관의 바깥부분에는 혈관이나 섬유아세포, **라이디히세포**라 불리는 간(間)세포 등이 있다. 세정관의 내부에는 큰 세르토리세포(Sertoli cell)가 있어, 정원세포나 정모세포와 같은 생식세포를 둘러싸서 영양이나 신호를 보내고 있다. 세정관의 중앙부는 비어 있어서 완숙한 정자의 통로가 된다(그림 4.3).

유전적인 성에 의한 생식세포의 발달은 정원세포까지이며 그 이상은 발달하지

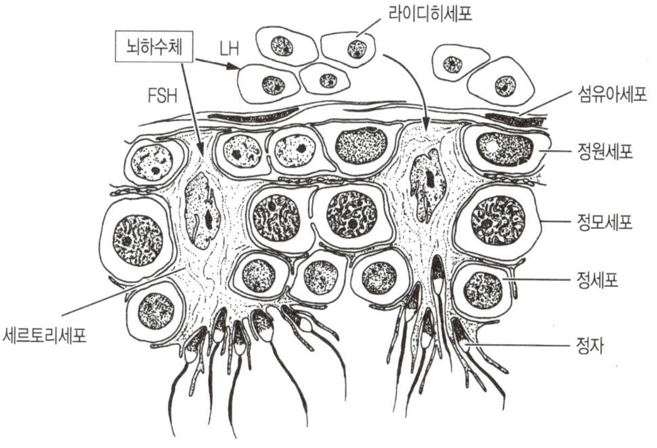

그림 4.4 고환 내의 정자형성 과정과 호르몬의 관계

않는다. 정모세포 이후의 발달은 뇌하수체의 지령이 필요하게 된다. 뇌하수체에서 **생식선자극호르몬**(**여포자극호르몬**[FSH]와 **황체형성호르몬**[LH])이 분비되면, FSH는 세르토리세포를 자극하여 웅성호르몬을 분비시키고, LH는 라이디히세포를 자극하여 역시 웅성호르몬을 분비시킨다(그림 4.4). 웅성호르몬인 테스토스테론의 자극에 의하여 여러 유전자의 현상이 유발된다. 이러한 유전자 산물의 작용으로 감수분열과 정자변태가 진행되어 정자가 형성된다. 따라서 실험적으로 뇌하수체를 제거하면 정자생성은 되지 않지만, 그 대신에 FSH와 LH를 주입하거나 또는 테스토스테론을 주입하면 정자는 생성된다.

이렇게 사람을 포함한 척추동물의 수컷은 시원생식세포 → 정원세포 → 정모세포의 초기(감수분열 전)까지는 자동적으로 진행되지만, 그 이후는 개체가 성장하여 성호르몬을 분비할 수 있게 되지 않으면 진행되지 않는다. 여기에 유전자가 작용한다.

정자형성의 초기에는 오래 전부터 돌연변이로서 알려진 *W*나 *Sl*이라 불리는 유전자가 관여하고 있다고 생각된다. 이 유전자들은 정모세포의 막관통형 수용체단백질을 만들어, 이 단백질이 세르토리세포에서의 호르몬 정보를 받아 세르토리세포와 정모세포의 세포 간 상호 연결기능을 이루고 있다.

웅성호르몬의 정보가 들어가면, 이를 감지하여 감수분열이 시작되지만 이 때 생식세포에서 다양한 유전자가 발현된다. 곧, 감수분열 후에 발현하는 것으로 잘 알려진 **프로타민 유전자**가 있다. 염기성 단백질인 프로타민을 만드는 유전자뿐 아니라, 그 기본 전사인자나 조절인자 등을 만드는 유전자도 연구되고 있다. 프로타민 유전자의 발현으로 프로타민이 만들어지면, 이 단백질은 DNA와 강하게 결합하여 감수분열 종료 후의 정세포의 유전자 발현을 저해한다. 따라서 이후의 정자변태에도 많은 유전자가 관여한다고 생각되지만 이것들은 전사가 끝나고 RNA의 형태로 유지되어 그 번역산물이 정자변태, 즉 정자형성의 완성에 관계된다고 생각되지만 현재까지 명확하게 밝혀진 바가 없다.

4.2 난자형성

수컷의 정자형성의 경우와 마찬가지로 생식융기에 들어간 시원생식세포는 생식융기가 난소로 분화함에 따라 **난원세포**가 된다. 난원세포는 난소에서 자라 **난모세포**가 되고, 감수분열을 일으켜 난자가 되나 수정 전의 완전한 난자(n)가 되어 배란 또는 산란되는 것은 성게류와 일부의 강장동물뿐으로, 대다수의 동물은 난모세포의 시기에 배란되어 수정(이 경우에는 난자에 정자가 침입하는 것)이 자극이 되어 감수분열을 완료하여, 이어서 난자 내 정자의 핵과 합체하여 진정한 **수정**이 성립한다(그림 4.5).

분열, 증식한 난원세포는 주위의 여포세포나 영양세포로부터 영양을 취해 커지게 되고 **난모세포**라 불린다. 핵도 크게 되어 **난핵포**라 불린다. 이윽고 난모세포가 감수분열을 일으키는 것은 정모세포와 같은 것이나 몇 가지의 차이점이 있다(그림 4.6).

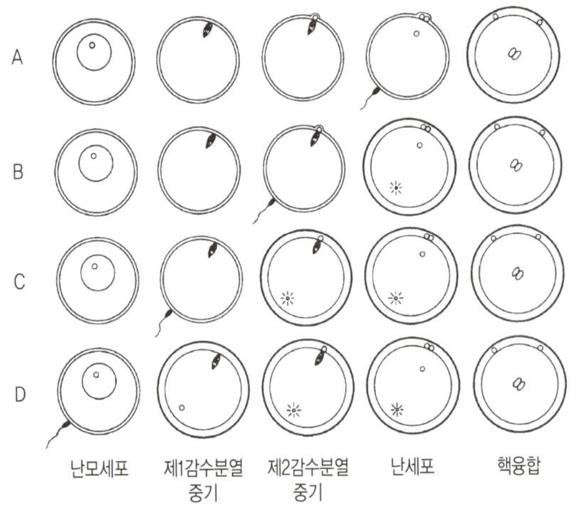

수정하는 시기	동물의 종류
감수분열 종료 후	극피동물(성게류) 강장동물
제2감수분열 중기	대부분의 척추동물 (양서류, 포유류 등)과 괄태충
제1감수분열 중기	다모류(털날개갯지네) 이매패(홍합) 극피동물(불가사리류) 대부분의 곤충류
난핵포기	해면류 다모류(갯지네) 개불, 함박조개, 회충, 가시굴

(※ 여우, 개, 말은 난핵포기라는 보고가 있다)

그림 4.5 **여러 동물의 난형성과 정자침입의 시기**

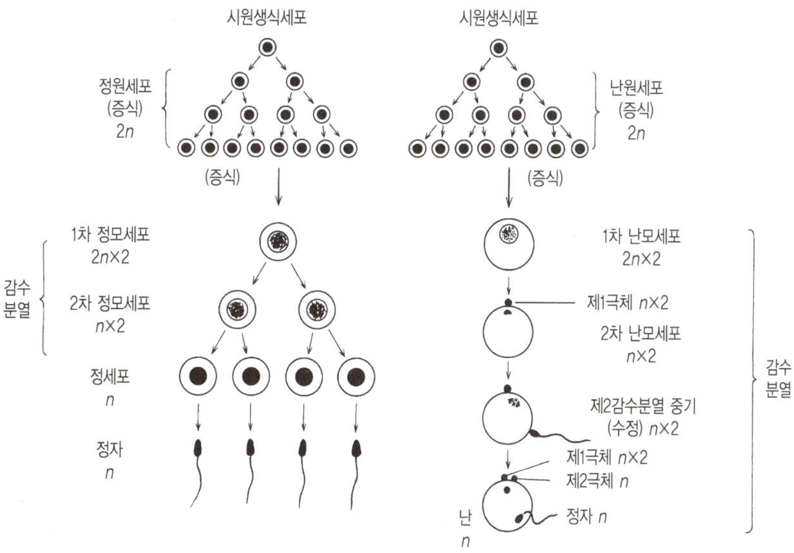

그림 4.6 **정자형성과 난형성의 비교 모식도**

그 하나는 감수분열 시에 극체를 방출하고, 형태의 변형도 일으키지 않고 하나의 난원세포에서 하나의 난세포가 형성된다. 난세포는 모든 영양을 가져 매우 크다. 감수분열 후의 성숙한 핵상 n의 큰 난세포는 변화하지 않아, 특히 난자와 구별되지 않는다.

또, 정자형성과 비교하면 난자형성의 시간은 길다. 예를 들면, 포유류의 정자형성은 약 2개월이지만 난자형성은 개구리가 1~3년, 사람은 10~50년에 이른다. 그것은 난모세포가 영양을 축적하고, 성숙하여 배란할 때까지의 과정이 호르몬에 의하여 조절되고 있기 때문이다.

난원세포($2n$)가 성장한 **1차 난모세포**($2n$)는 DNA를 배가하여($2n \times 2$), 제1감수분열을 일으켜, **2차 난모세포**($n \times 2$)와 제1극체($n \times 2$)가 된다. 다음 2차 감수분열에서, 2차 난모세포는 난세포 = 난자(n)와 제2극체(n)가 된다. 극체는 대부분의 세포질을 난모세포에 남겨 염색체만을 가지며, 세포질을 버리는 기능을 가지고 있기 때문에 분열을 위한 세포질이 적고, 제1극체는 분열하지 않는 경우가 많다.

이미 말했듯이, 많은 동물들은 감수분열을 완료하기 전에 배란하여 정자의 침입을 기다리는 것이기에, 정자가 침입하지 않는 경우는 감수분열의 도중에 그대로 사멸한다.

개구리와 같은 양서류, 사람과 같은 포유류는 난원세포가 분열, 증식하여 영양을 축적하여 비대, 성장하여 큰 1차 난모세포의 전기가 되기까지는 자동적으로 발달

표 4.1 **성숙유발물질(MIS)**

동물	물질	동물	물질
불가사리	메틸아데닌	토끼	환상 AMP – 프로스타그란틴 E_2(?)
철갑상어	프로게스테론	마우스	
메기	코티손, 코티졸	쥐	
송어	프로게스테론	돼지	
송장개구리	프로게스테론, 코티손, 코티졸 알도스테론	소	
발톱개구리	프로게스테론	양	
두꺼비	프로게스테론, 코티손, 코티졸 알도스테론	원숭이	
		사람	

하고 거기서 일시 발달을 정지한다. 개구리는 호르몬의 영향을 받아 그 상태로 **배란**이 일어난다. 모체가 성숙하여 뇌하수체에서 생식선자극호르몬이 분비되면, 그 자극으로 난소의 여포세포는 프로게스테론을 분비하여 난모세포는 그 영향을 받는다. 그 때 배란된 난모세포는 수란관에 들어가지만 그 도중에 감수분열이 일어나 제2감수분열 중기까지 진행되어, 여기서 또 다시 성숙을 정지하여 산란된다. 이 감수분열의 일시적 정지는 **분열정지인자**(CSF)의 작용에 따른다.

개구리의 프로게스테론과 같은 난모세포의 성숙을 재개하는 물질을 **성숙유발물질**(MIS)이라고 하며 동물에 따라 다르다(표 4.1). 성숙유발물질은 난모세포의 표면에서 작용하며 난세포질 내의 **성숙촉진인자**(MPF)를 만들게 한다(그림 4.7). 성숙촉진인자는 동물에 공통된 인자로 다른 동물에도 유효하다. MPF는 사이클린 B라고 하는 단백질과 cdc 2 키나아제라 하는 단백질의 복합체로 인산화에 의하여 세포질의 인단백질을 증가시켜 난핵포에 작용, 이것을 붕괴시켜 감수분열이 개시된다. 그러나 MPF는 CSF의 합성에도 영향을 준다. CSF는 *c-mos*라 불리는 암유전자의 산물로, 난모세포에는 *c-mos*의 mRNA의 형태로 축적되어, MPF의 영향으로 CSF가 합성된다. 이것이 분열을 중기에서 중지시킨다(7장 7절 참조). 이들은 정자침입(수정)에 의하여 활성화되는 단백질 분해효소의 작용으로 분해되어, 또 다시 감수분열이 개시되어 감수분열을 완료하여 핵상 n의 자성전핵이 되고, 정자로부터 웅성전핵(n)과 합체할 수 있게 된다(그림 4.6 참조).

MIS(성숙유발물질)는 난자 표면에 작용하는 물질로 미소주사기로 난자 내에 주입하여도 효과가 없다. MIS를 난자 표면에 작용시킨 난모세포의 세포질에는 MPF가 만들어져 있어, 이 세포질을 난모세포에 주입하면 감수분열이 시작된다. 또한 CSF(분열정지인자)는 정자침입 전의 제2감수분열 중기에서 중지된 난모세포의 세포질에 포함되어 있기 때문에 이 시기의 세포질을 수정란의 분열 중의 세포에 주입

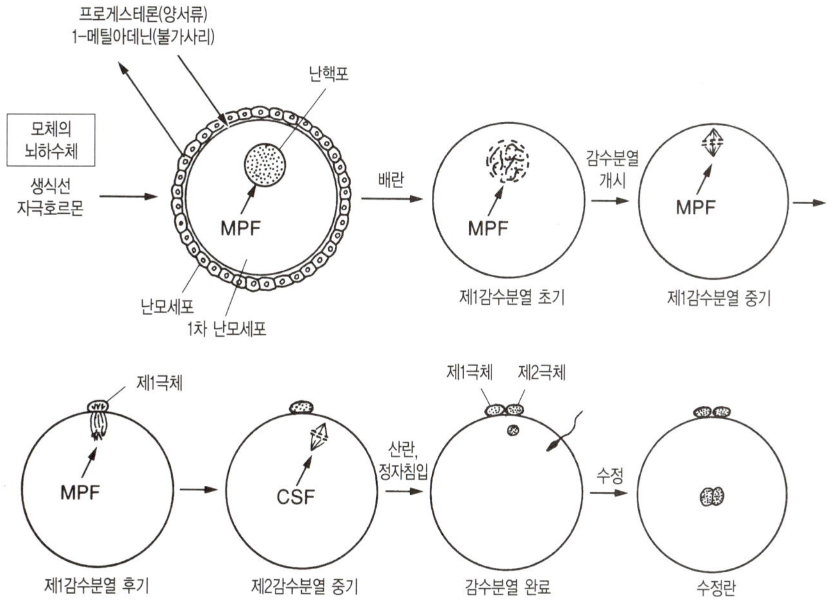

그림 4.7 **성숙분열과 난성숙에 관련되는 인자**

하면, 그 분열은 중기에서 중지되어 버린다.

정자형성 부분에서 설명했듯이, 난원세포의 분열, 증식은 *W*나 *Sl*이라 불리는 유전자가 관여하고 있는 듯 하나, 그 후의 난모세포의 발달, 즉 감수분열의 진행이나 일시적 정지에 관해서는 많은 유전자가 관여하고 있다고 생각되어 MPF나 CSF의 연구가 진행되고 있으며(7장 7절 참조), 또한 난자형성과의 관계는 충분히 밝혀져 있지 않다.

난원세포가 비대, 성장하여 난모세포가 된다고 설명했으나 영양을 흡수하여 비대하는 주요한 재원은 **비텔로게닌**이라 이름 붙여진 인단백질이다. 비텔로게닌은 곤충류에서는 지방체에서 합성되고, 양서류나 포유류에는 간에서 합성되어 혈류로 운반되어 난모세포에 모이게 된다. 암컷은 자성호르몬인 에스트로겐이 있으며, 에스트로겐에 반응하여 간의 세포의 에스트로겐수용체가 비텔로게닌유전자에 작용하여 비텔로게닌을 합성시킨다. 더욱이, 난모세포는 비텔로게닌수용체를 합성하는 유전자가 작용하여 난모세포막에 비텔로게닌수용체단백질이 만들어져, 그것이 반응하여 비텔로게닌은 식작용에 의하여 난모세포 내에 저장되어 난황으로 가공된다.

4.3 사람의 배우자

사람의 정자형성도 다른 포유류와 마찬가지로 정원세포의 증식은 출산 전의 태아의 고환(정소)에서 진행되나 1차 정모세포 이후부터 정자가 되기까지는 FSH나 테스토스테론 등의 호르몬이 없으면 진행되지 않는다. 따라서 정자형성의 대부분은 호르몬이 분비되는 성체가 되고 나서 일어난다.

뇌하수체로부터의 FSH의 자극으로 **세르토리세포**는 테스토스테론을 합성, 분비하여 정자형성을 촉진한다. 또한 세르토리세포는 **인히빈**(inhibin)이라는 펩티드호르몬을 분비하여, 뇌하수체로부터 FSH의 분비를 억제하여 간접적으로 **테스토스테론**의 합성과 분비를 억제하는 것으로, 정자의 생산량을 조절한다. 인히빈과 비슷한 구조의 **액티빈**(actibin)이라 불리는 펩티드호르몬도 난소나 고환 등 많은 기관에 합성, 분비되어 서로 반대의 작용을 가지며, 고환에서는 인히빈과 액티빈이 길항적으로 작용하여 정자형성을 조절하고 있다.

정원세포의 증식이나 감수분열의 세포분열은 불완전한 분열로, 완전히 분리되는 것이 아니고 많은 세포가 **세포간교**(세포질다리)에 의하여 연결되어 있다. 정세포의 단계에서도 120개 이상의 세포가 연결되어 있는 것이 관찰되었다. 이것은 정자형성이 동조적으로 진행되는 것에 도움이 된다고 생각된다.

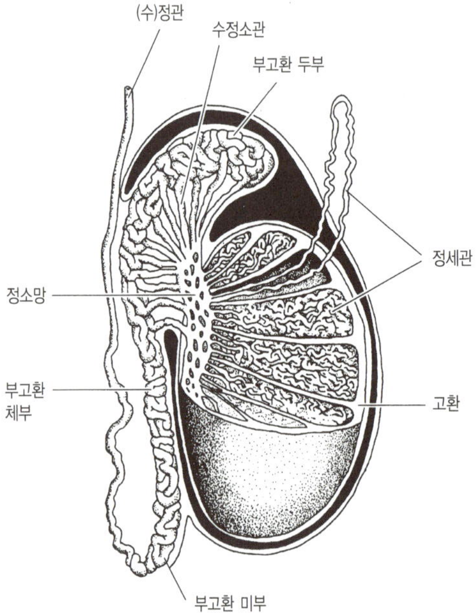

그림 4.8 **사람의 고환과 부고환**

고환 내에서 갓 만들어진 정자는 정자변태(정자변형)를 할 때 분리된 세포질을 남기고 세르토리세포를 떠나 부고환(정소상체)에 쌓인다. 이 이동은 세르토리세포나 부고환의 분비액에 의한 것이지만, 정자는 부고환에서 성숙하여 운동성도 획득한다(그림 4.8).

정자는 다른 포유류의 정자와 마찬가지로 큰 머리부분, 경부, 중편, 꼬리부분으로 되어 있다. 머리부분의 앞부분은 첨체가 있으며, **히아로우로니다아제**(**히아로우론산 분해효소) 등을 포함하고 있다. 머리부분의 주체는 핵이며, 후부에는 중심체가 있으며, 거기에 중편이 붙어 있다. 중편에는 축사를 둘러싸듯이 한 개의 큰 나선형의 미토콘드리아가 있으며, 호흡에 의해 정자의 운동에너지를 만든다. 꼬리부분은 정자의 운동기관으로 중심에 축사가 달리고 있다. 이러한 정자의 구조는 수정과 밀접한 관계가 있으므로 수정의 부분에서 다시 다루게 된다.

고환(정소)과 마찬가지로 난소도 태아 속에서 분화되어 발달한다. 이 난소 안에서 난원세포는 활발히 분열하여 증식하지만, 태아의 시기에는 난자형성은 DNA 합성을 끝낸 1차 난모세포의 전기까지만 진행한다. 1차 난모세포가 감수분열을 시작하여 또 다시 난자를 형성하는 것은 빨라도 10세를 넘어서이다. 그 때부터 폐경까지 이어지며, 난자형성은 빨라도 10년 이상 걸려 2차 난모세포가 되고 늦으면 50년 가까이 걸려 2차 난모세포가 되는 것이다. 그러나 난소 안의 난자형성은 여기까지로 제2감수분열 중기에서 중지되고, 여기서 배란된다. 이후에는 정자의 침입에 의한 활성화가 없으면 진행하지 않는다. 따라서 감수분열 도중 핵상 n의 완전한 난자가 되기 전에 정자가 침입하게 되며, 오히려 정자가 난모세포에 들어가지 않으면, 난모세포는 월경에 의하여 버려지고, 완전한 난자가 되지 못한 채 사멸한다.

또한 난모세포는 태아의 안에서 난자형성이 시작하고 있는 것으로 보아, 난자형

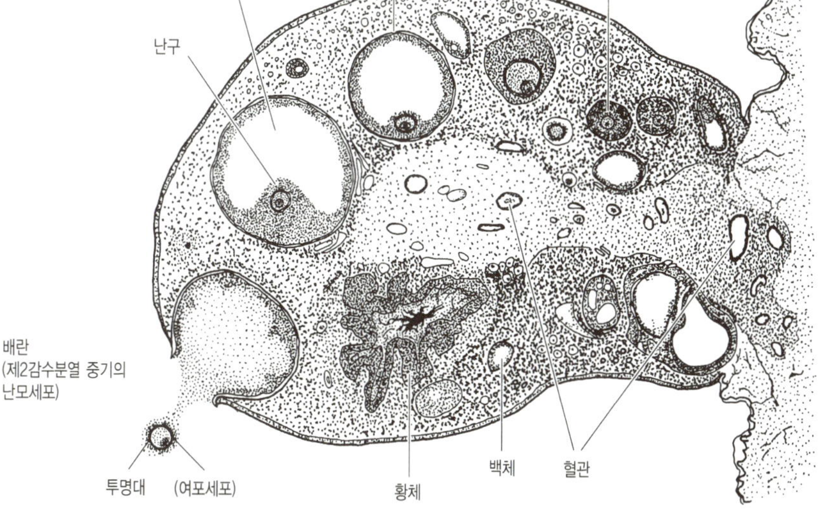

그림 4.9 사람의 난소와 여포

성의 주요한 시기는 태아가 출생 후 성장한 여성(어머니)의 난소에서 일어나지만 난자형성의 초기는 태아의 시기, 즉 할머니의 체내에서 일어나는 것이다(그림 2.3 참조).

난원세포는 증식을 끝내고 난모세포가 되면, 난모세포는 **여포세포**라 불리는 편평한 세포층을 얻게 된다. 이들은 난모세포를 포함해 일괄하여 **여포**라고 부르나, 여포세포는 입방형으로 되어 있어, 분열을 반복하여 다층의 세포층으로 되어 난모세포를 둘러싼다.

난모세포도 성장하여 커진다. 또한 여포세포가 증식하여 수가 늘면, 내부에 **여포강**이라 불리는 틈이 생겨 여포는 커진다. 이 시기에 여포는 그라프가 잘못하여 포유류(그의 연구에서는 사슴)의 난자 그 자체라 생각되었으나 발견자의 이름에 따라 **그라프여포**라 부른다. 난모세포는 일부의 여포세포에 싸여 여포강에 돌출된 형태(이 부분을 **난구**라 함)가 되어 있다(그림 4.9). 이 이후 여포는 점점 커져 마침내 배란되는 것이나, 그것은 성장하여 사춘기가 되어 생식선자극호르몬이나 성호르몬의 분비에 의하여 **성주기**가 작동하도록 되어 있기 때문이다. 사람은 월경주기, 즉 호르몬 분비의 변동에 대응하여 거의 20개의 그라프여포가 성장하나 배란하는 것은 매월 1개뿐으로 다른 여포는 퇴화된다(그림 4.10). 배란하는 여포의 수는 혈중의 생식선자극호르몬의 양에 의존하기 때문에 실험적으로 다량의 호르몬을 주입하면

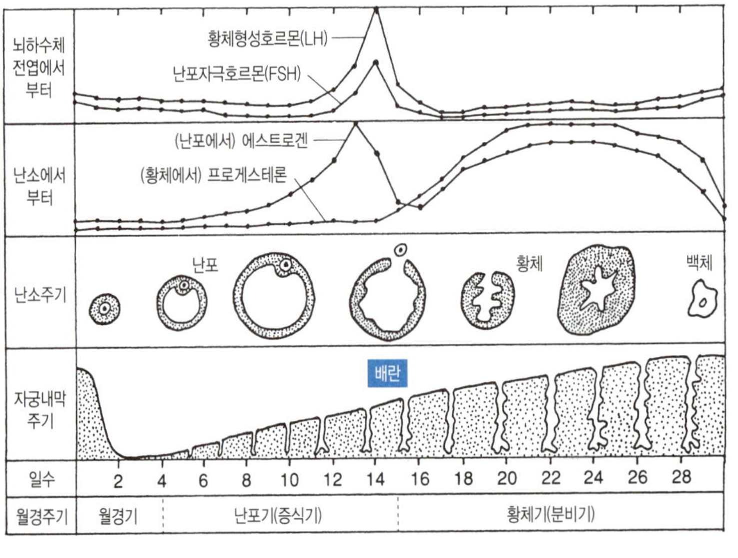

그림 4.10 **성주기와 호르몬 분비**

배란수가 많아진다.

구체적으로는, 뇌하수체의 생식선자극호르몬(FSH과 LH)이 분비되면, 그라프여포가 발달하고, LH는 여포 주위의 내협막세포에 작용하여 안드로스텐디온과 테스토스테론을 합성, 분비시키고, FSH는 여포 내의 여포세포에 작용하여, 이 2종의 스테로이드호르몬을 에스트라디올로 변화시킨다(방향화 효소). 이렇게 해서 에스트라디올의 양이 증가하면 바로 피드백에 의하여 뇌하수체로부터 LH의 대량 분비가 일어나 배란이 유발된다. 이 때 제1감수분열 중기에 중지되었던 난모세포는 LH의 대량 분비에 따른 스테로이드호르몬과 프로스타그란딘의 증가에 의하여 감수분열을 재개하여 제2감수분열 중기에 도달하여 배란되어 수란관에 들어간다. 이 난자(2차 난모세포)는 수정 가능한 난자가 된다.

배란된 난모세포는 외측을 **투명대**로 둘러싸이고 그 바깥에 **여포세포**를 가지고 있다. 수란관 선단의 팽대부에서 이 난모세포에 정자가 들어가면 난모세포는 감수분열을 완료하고 자웅의 전핵이 합체하여 진정한 수정이 성립한다.

읽을거리 4. 사람의 정자는 짧은 시간, 난자는 긴 시간을 걸쳐 형성된다

표 4.2 사람의 배, 태아, 성체 내에서 생식세포의 시간경과에 따른 변화

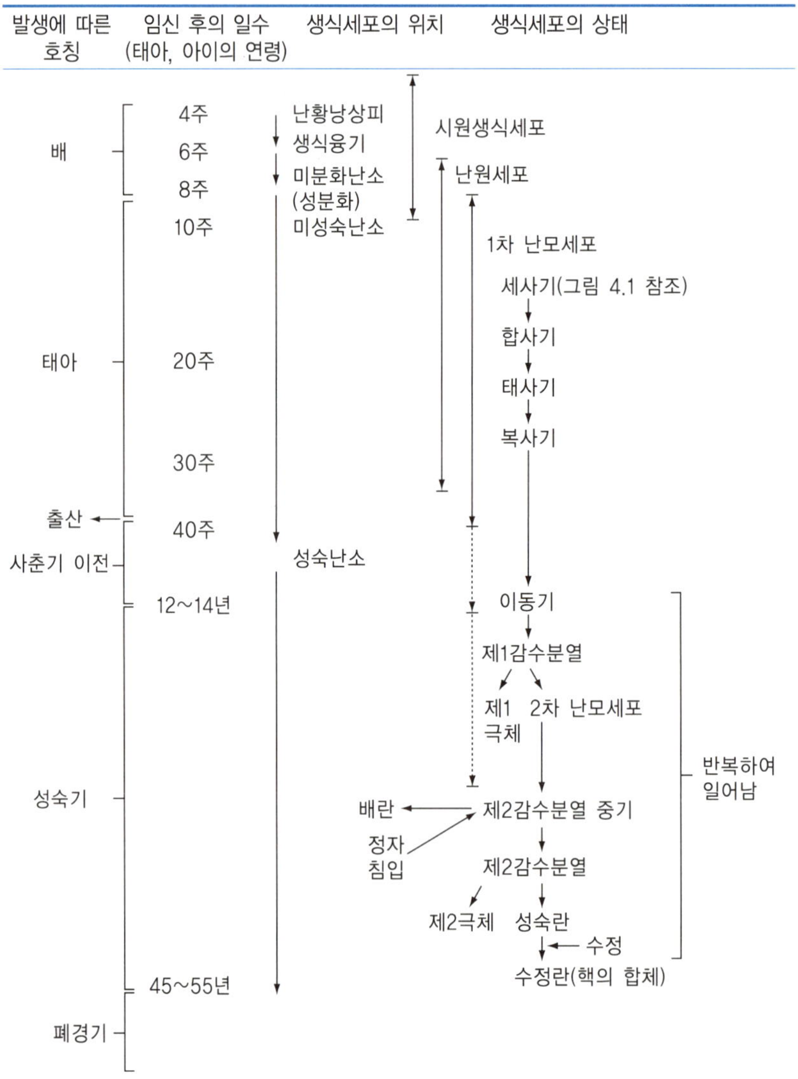

사람의 시원생식세포는 부모(태아)의 난소 혹은 고환에 들어가면 난소에서는 난원세포로 고환에서는 정원세포로 되고 여기에서 생식세포로의 분화가 진행된다. 그러나 1차 난모(정모)세포 이후의 난자 혹은 정자로의 변화는 출생 후 성장하면서부터이다. 여기서부터 남성과 여성으로 큰 차이가 생긴다.

남자 신생아에서는 다수의 정원세포가 있어 활발히 세포분열이 일어나 수가 늘어나고 성인으로 되어서부터도 지속되어 1차 정모세포의 수도 증가하나 여자 신생아에서는 태아 때에 난원세포는 1차 난모세포로 되고 출생 후 1차 난모세포가 새로 생기거나 증가하는 것은 아니다.

여자 신생아의 난소에는 이백만 개 이상의 1차 난모세포가 있다. 그러나 이 대부분은 사춘기 이전(소아기)에 퇴화하고 사춘기까지 남아있는 것은 3만~4만 개 정도이다. 이 중 4백 개 전후의 1차 난모세포가 때로는 40년을 걸쳐 2차 난모세포까지 성숙하여 배란된다(표 4.2).

표 4.3 정자형성의 기간(일수)

동물	정원세포 →	정모세포 →	정세포 → 정자	정자형성기간
rat	8~9	18~19	20~21	48
mouse	7	13~14	14~15	34.5
토끼	7.9	17.3	10.8	43.6
돼지	–	13.7	8.2	34.4
양	8~9	15~16	14~15	49
사람	24~26	27~28	22~23	74

남자의 고환에서는 사춘기 후에도 정모세포가 새로 만들어지고 반복해서 성숙함으로 방사성 티미딘을 집어넣어 정자형성 시간을 추정할 수 있다. 그것에 따르면 사람의 정자형성에는 약 2개월 반(74일)이 걸린다(표 4.3).

제 5 장

수 정

생물의 몸을 구성하는 세포 중에서 세대를 거쳐 계속 생존이 가능한 세포는 생식세포, 즉 난자와 정자이다. 그러나 이러한 세포도 수정이라는 발생의 계기를 받지 않으면 역시 사멸하는 운명이다.

수정이란 난자와 정자가 결합하는 것이나(그림 5.1, 처음으로 수정을 관찰한 Hertwig의 그림을 제시하여 그림을 설명한다), 단지 난자와 정자가 공존하면 수정하느냐고 한다면 그렇게 단순하지 않다. 수정의 근본은 정자가 동종의 난자를 확인하여 난자 내부에 들어가 난자의 핵과 정자의 핵이 합핵할 때까지의 과정이며, 이것에 의해 난자는 발생을 개시하는 것이 가능해진다. 수정은 발생개시를 위해 가장 일반적으로 볼 수 있는 수단이나 수정만이 그러한 수단이라고는 단정할 수 없다. 진디나 벌과 같은 곤충은 **단위생식**을 행하며, 성게류, 양서류, 어류 등의 난자는 기계적, 열, 화학적 또는 전기적 자극에 의해 인공적으로 발생을 개시하는 것이 가능하다.

본래, 수정은 부계의 유전자와 모계의 유전자를 자손에게 전해주는 수단이며, 수정에 의해 자손에게 종의 다양성을 가져다주는 것이 가능하나 물리적, 화학적인 인공수정에서 보듯이 이미 한 가지 중요한 목적은 **난자의 활성화**로서, 수정에 의해 발생을 개시하는 원동력을 줄 수 있다. 여기서 말한 활성화란, 세포질을 활성화하여 난자형성의 도중에 멈춰있던 감수분열을 재개하거나 DNA 합성, 단백질 합성, 에너지 합성 등의 물질대사를 활성화 또는 개시하여 중심체를 활성화시켜 세포분열(난할)이 가능한 상태를 만드는 것이다. 이 때문에 인공적인 발생의 개시에서는 부계의 핵이 관여하지 않는 경우가 있는 것이다. 또한 동물에 따라서는 수정에 의해 개체의 극성(방향성)이 결정되는 경우도 있다.

자연에서 일어나는 수정은 영원과 같은 유미양서류나 조류 등과 같은 예외를 제외하고 많은 동물은 한 개의 난자에 한 마리의 정자밖에 들어가지 않는다. 오히려 만일 1개의 난자에 두 마리 이상의 정자가 들어가면(**다정**이라고 한다), 수정한다 해도(발생을 개시하더라도), 난자의 세포분열의 과정에서 이상이 나타나고 난자는 죽어버린다. 따라서 정상적 수정이 성립하기 위해서는 다정은 피하고 단정이 되는 기구가 작용한다.

5.1 난자와 정자의 만남

동물은 체내수정과 체외수정 등이 있으나 곤충류나 갑각류와 같이 암컷에는 교미 후의 정자를 넣어두는 수정낭이 있어 배란을 할 때 수정되는 종을 제외하고, 많

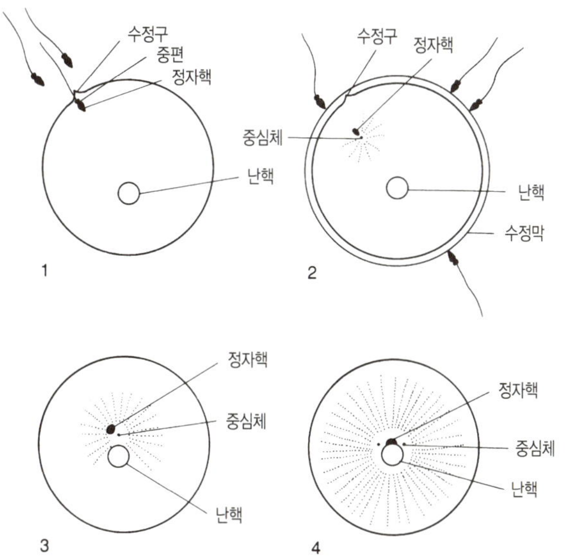

그림 5.1 **1875년 처음 수정을 관찰한 Hertwig의 그림**

은 경우 난자와 정자는 떨어져 있어서 만남의 기회가 필요하다.

식물인 쇠뜨기의 정자가 사과산에 대하여 주화성(走化性)을 나타내는 것이 알려져 있듯이, 동물도 정자의 주화성에 의해 난자에 다가가는 것이 있다. 강장동물의 히드로충류나 해파리, 연체동물, 성게류, 원색동물의 멍게류 등 중에서 이러한 예가 알려져 있다. 성게류는 난자의 제리층에 싸인 정자의 활성화물질(표 5.1)이 정자의 주화성을 유발하는 것으로 알려져 있다. 예를 들면, *A. punctulata*라고 하는 성게에서 난자젤리에 포함된 레자크토라 불리는 올리고펩티드에 대하여 종특이적으로, 즉 동종의 정자만이 주화성을 나타낸다.

표 5.1 **성게의 정자 활성화 펩티드**

speract	*H. pulcherrimus*	Gly · Phe · Asp · Leu · Asn · Gly · Gly · Gly · Val · Gly
	S. purpuratus	Gly · Phe · Asp · Leu · Thr · Gly · Gly · Gly · Val · Gly
	A. crassispina	Gly · Phe · Asp · Leu · Ser · Gly · Gly · Gly · Val · Gly
	L. pictus	Phe · Asp · Leu · Thr · Gly · Gly · Gly · Val · Gln
		Gly · Phe · Asp · Leu · Thr · Gly · Gly · Gly · Val · Gln
resact	*A. punctulata*	Cys · Val · Thr · Gly · Ala · Pro · Gly · Cys · Val · *
		*Gly · Gly · Gly · Arg · Leu-NH_2
mosact	*C. japonicus*	Asp · Ser · Asp · Ser · Ala · Gln · Asn · Leu · Ile · Gly
	〃	Asp · Ser · Asp · Ser · Ala · His · Leu · Ile · Gly
	〃	Asp · Ser · Asp · Ser · Ala · Phe · Leu · Ile · Gly

그러나 많은 동물은 번식기를 한정하거나, 부모개체가 다가오거나, 교미하는 것 등에 대하여 자웅의 만남의 기회는 만들어지지만 난자와 정자의 만남은 우연적이다. 체외수정을 하는 동물은 번식장소가 다가오면 방정과 방란의 시기를 동시에 하거나 포접이라 불리는 자세를 취해(개구리), 난자와 정자의 방출을 동시에 한다는 것이 고작으로, 나중에는 정자의 노력에 맡긴다. 체내수정의 경우에도 교미를 행하지만 그 후의 정자는 자성생식관 내에 시행착오를 반복하여 난자를 찾아 헤맨다. 운동능력이 없는 난자는 그저 단지 정자의 도달을 기다린다.

5.2 수 정

난자에 도달한 정자의 수는 방출량의 0.1% 이하이다. 그 중에서 난자 안에 들어가는 것이 가능한 것은 최초의 난자에 도달한 1개 뿐이다. 더욱이, 난자에 도달한 정자는 난자의 막을 뚫고 난자 안에 침입하지 않으면 안 된다. 미소주사기로 정자를 난자 안에 주입하는 것으로는 수정되지 않고, 즉 발생을 개시하지 않는 것이 알려져 있기 때문에 정자는 난자의 바깥에서 각각의 동물에 특유의 과정을 거쳐 난자 안에 뚫고 들어가지 않으면 난자는 발생을 개시하는 것이 불가능하다. 수정은 종의 고유한 방법으로 행해진다.

5.2.1 성게의 수정

성게의 난자는 세포막이 있고, 그 바깥에 밀착하는 난막에 둘러싸여, 더욱이 그 바깥에 투명한 두꺼운 젤리층이 있다(그림 5.3 참조). 젤리층은 난자가 해수 중에 방출(산란)되면 조금씩 녹아나오고 중요한 생리작용을 행한다. 한편, 해수 중에 방출된 정자는 알 속에 침입하기 위해서 여러 궁리를 짜내어 알의 외층을 통과하지 않으면 안 된다.

성게 정자의 두부에는 핵과 **첨체**가 있고 첨체는 **첨체포**를 **방아쇠층**이 덮는 구조로 되어 있다. 거기에 미토콘드리아를 포함하는 중편과 축사에서부터 이루어지는 미부가 연속되어 있다. 먼저 정자가 해수 중에 방출되면 해수의 Na 이온과 Ca 이온이 정자 내에 침투한다. Na 이온은 다이닌 ATPase를 활성화하여 미부의 운동을 개시시킨다. 이를 위한 에너지(ATP)는 Ca 이온에 의하여 활성화된 중편의 미토콘드리아의 호흡상승에 의하여 공급된다.

이렇게 해서 활발하게 된 운동에 의해 알에 가까워진 정자는 용출된 젤리 물질을 우연히 만나 두 개의 중요한 변화를 일으킨다. 하나는 **정자의 활성화**이며, 하나는

첨체반응이다.

성게 알의 **젤리 물질**은 시알산과 단백질의 복합체, 후코스 유산과 단백질의 복합체(모두 고분자산성 당단백질)와 올리고펩티드의 삼자로 구성되어 있다. 정자의 활성화는 젤리 물질에 포함된 올리고펩티드에 의해 일어난다. 이 활성화 물질은 여러 가지 성게 알에서부터 분리되어 표 5.1에 표시된 것과 같이 아미노산 구성도 밝혀져 명칭도 붙여져 있다. 이 저분자 펩티드는 정자 내의 H 이온을 방출시킴으로써 정자 내의 pH를 상승시키고, cAMP나 cGMP의 증가에 의해 정자의 **호흡**과 **운동성**을 증대시킨다.

첨체반응은 정자 첨체의 **방아쇠층**이 파괴되어 **첨체포**가 노출되고 **첨체돌기**가 늘어나는 정자 두부의 형태변화로 Ca와 젤리의 후코스유산 당단백질복합체에 의해 야기된다. 젤리층을 통과하는 사이에 일어난 첨체반응으로 노출된 첨체포에는 **바인딘**이라 불리는 분자량 3만의 단백질이 있고, 이것이 늘어난 첨체돌기를 둘러싸게 된다. 바인딘은 젤리층을 통과 후 난막에 도달해 여기에서 난막의 종특이적인 수용체와 결합함에 의해 우선 동종의 알과 정자와의 결합이 성립한다.

이것은 수정이 종특이적인 알과 정자의 결합을 성립시키는 것에서 중요한 반응이다(그림 5.2). 그 후에, 비특이적인 알과 정자의 세포막끼리의 **막융합**이 일어나고 정자가 알로 침입할 수 있게 된다. 따라서 정자의 첨체반응은 수정에 불가결한 반응이다(그림 5.3).

많은 동물에서 첨체반응을 일으키는 물질이 알려져 있지만 불가사리에서도 알젤리에 의해 일어난다. 불가사리의 알젤리는 후코스를 포함하는 유산화 당단백질과

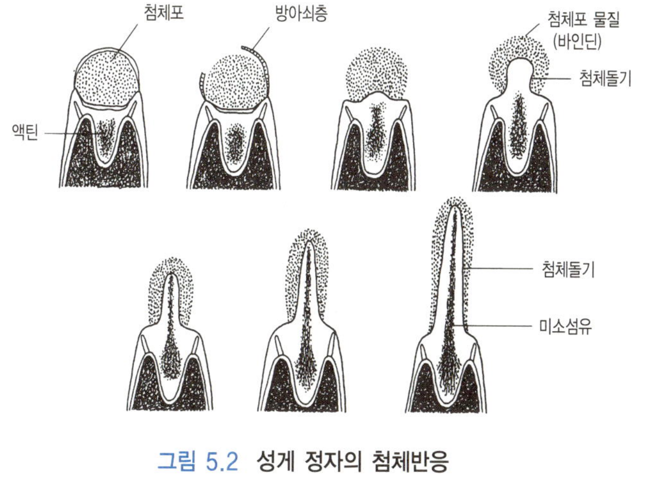

그림 5.2 **성게 정자의 첨체반응**

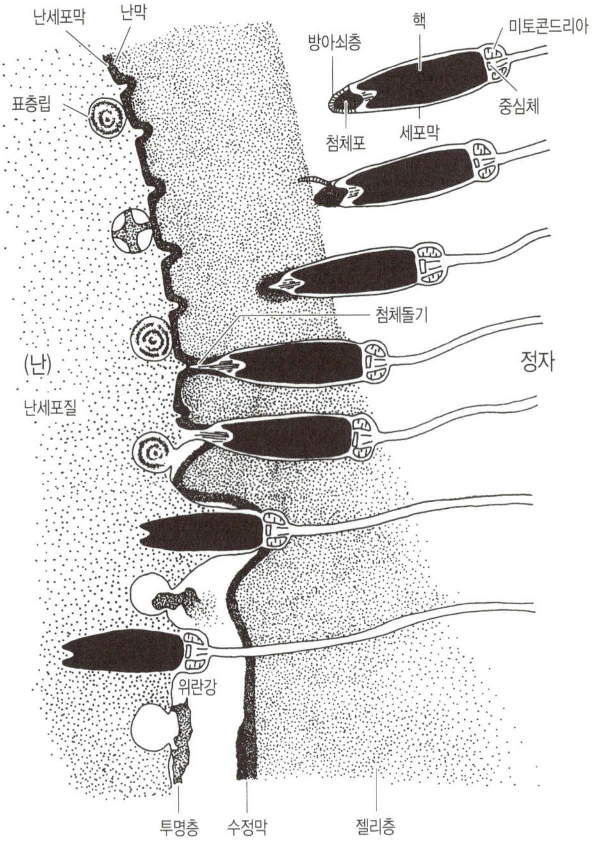

그림 5.3 **성게의 수정 모식도**

만노오스를 많이 포함하는 중성 당단백질과 확산성(저분자)의 스테로이드성 사포닌 등으로 구성되고, 유산화당단백질(ARIS)과 스테로이드성 사포닌(Co-ARIS)이 함께 존재하는 상태에서 불가사리 정자의 첨체반응이 일어난다.

이 같은 첨체반응은 정자의 세포막상에 있는 **수용체**가 젤리의 첨체반응 유발물질과 반응함에 따라 일어난다. 성게 정자의 수용체는 210kDa(달톤 : 질량의 단위)의 당단백질로, 이 항체는 정자의 Ca 수용이나 첨체반응을 저해한다.

성게에서는 옛부터 정자의 첨체반응은 젤리 물질만으로는 아니고 해수의 Ca를 과잉으로 하거나 pH를 9에 가깝게 올리거나 Ca를 도입하는 이오노포아에 의해 일어나는 것이 알려져 있다. 따라서 젤리의 첨체반응 유발물질은 정자의 세포막상의 수용체에 결합하고, 정자세포막의 Ca에 대한 투과성을 올리고, 역으로 H 이온의 유출에 의해 정자 내의 pH를 상승시킴과 함께 정자 내의 Ca는 정자 첨체의 액틴의 중합을 일으키고 그 결과 첨체돌기가 신장하는 경과를 거치는 것으로 생각된다.

한편, 알은 어떠한 변화를 일으키고 있는 것일까? 많은 동물에서는 정자의 침입에 의해 일시 멈추고 있는 감수분열이 재개되지만 성게에서는 예외적으로 수정 전에 감수분열은 완료되어 있고 감수분열을 완료하고 있지 않은 미숙란(난모세포)은 수정하지 않는다. 성숙란에 정자가 결합하면 알의 표층 변화가 일어난다(그림 5.3 참조).

난의 표층에는 난막 내측에 세포막이 있고 거기에 인접해 있는 **표층립**이 늘어서 있고 표층립을 둘러싸는 소포체가 밀집해 있다. 표층 변화의 주체는 표층립이 붕괴해 수정막이 형성되는 과정이지만 바키아(1975)는 교묘한 실험으로 표층립의 붕괴를 보여주었다.

프로타민으로 코드한 슬라이드글래스에 알을 놓으면 알은 유리면에 접착한다. 거기에 Ca가 없는 해수를 강하게 불면 알은 물리적으로 파괴되어 유리면에 소포체에 둘러싸인 표층립을 붙힌 채로 알의 표층이 남는다. 이 때 표층의 내면은 위를 향해 있다. 이 중앙의 난편의 하나에 정자, 침자극, 해수, Ca 액의 어느 것이라도 가하면 표층립은 붕괴하고, 더욱이 이 붕괴는 방사상으로 사방으로 넓혀져 간다. 한 개의 표층립의 붕괴가 인접한 표층립을 붕괴하는 자극이 되고 전파적으로 넓혀져 가는 것이다. 이 원인은 소포체에 포함된 Ca 이온에 있다.

Ca 이온은 표층립을 붕괴시키고, Ca에 강한 친화성을 가진 **이오노포아** A 23187을 알에 가해도, 표층립은 파괴되어 수정막이 형성된다. 이 경우 이오노포아는 Ca가 없는 해수 중의 알에도 유효하다. 이오노포아는 알 내에 들어가 내부의 소포체에서 Ca을 방출시켜 그것이 자극이 되어 표층립은 붕괴한다. 표층립에는 트립신모양 단백질 분해효소, 디라미나아제, 페록시다아제, 난막경화물질, 투명층 형성물질, 위란강물질(산성당단백질) 등이 포함되어 표층립의 붕괴와 함께 방출된다.

이렇게 하여 표층립이 붕괴되면, 그 함유물의 하나인 디라미나아제가 난막과 세포막을 분리하는 작용을 가지기 위해 난막은 정자침입점을 기점으로 하여 다음에 난표에서 분리된다. 분리된 난막은 결국 표층립에서의 난막경화물질과 페록시다아제의 작용으로 단단하게 되고, 동시에 알과 난막 사이에 방출된 산성 당단백질의 침투압으로 여기에 해수가 침투하고 난막은 들떠 부풀어져 단단하게 되어 수정막이 형성된다. 알과 수정막 사이의 틈을 **위란강**(圍卵腔)이라 한다.

알 속에 침입한 정자의 구성성분으로 수정에 필요한 성분은 핵과 중심체이지만 알 속에서 정자는 180도 회전하기 위해서 중심체는 알의 핵과 정자의 핵 사이에 위치하게 된다. 정자의 미토콘드리아와 축사는 퇴화 소실한다. 정자의 핵은 알 속에서 DNA와 결합한 히스톤이 난형(리진릿치 히스톤)으로 바뀌는 것에 의하여 팽윤하여 웅성전핵으로 되고, 정자의 중심체는 발달해 **성상체**로 된다. 이 성상체는 웅성전핵과 자성전핵(감수분열을 마친 반수체 n으로 된 핵)을 알의 중앙으로 끌어당기어 두 개의 전핵을 합체시킴(수정 성립)과 함께 이어서 일어나는 알의 세포분열의 중요한 역할을 완수한다. 마우스같은 특수한 예외를 제외하고 대부분의 동물의 알의 세포분열(난할)에 중요한 성상체(분열장치)는 정자의 중심체가 발달한 것이다.

5.2.2 어류의 수정

경골어류의 정자에는 첨체가 없는 것이 특징이다. 따라서 첨체반응은 없다. 정자는 구형의 두부와 미토콘드리아가 있는 짧은 중편과 긴 미부로 되어 있다. 알은 비교적 단단한 코리온이라 불리는 난막에 둘러싸여 있고, 성게같은 알젤리에 상당하는 것은 아니다. 난막의 동물극측에는 한 개의 정자가 겨우 통과하는 정도의 작은 구멍이 열려 있어 **난문**이라 불린다. 송사리의 난막의 식물극측에는 **부착사**라 불리는 긴 섬유가 붙어 있어 수초에 알을 부착하는 역할을 한다. 난막 속의 난세포에는 세포막의 내측 전면에 얇은 세포질이 있어 그 속에 표층포와 기름방울이 분포되어 있다. 내부는 난황으로 채워져 있다.

최초로 알에 도달한 정자가 난문을 통과하여 세포막에 접근하면 정자는 세포질의 돌기에 의해 식작용으로 받아들여져, 정자의 세포막과 알의 세포막의 융합이 일어난다. 한 마리의 정자가 들어가면 난막이 팽윤하고, 난문이 작아짐과 동시에 표층포의 붕괴에 의해 난막과 세포막 사이에 표층포물질이 방출되어 **위란강**이 형성된다. 게다가, 난문에 돌출한 세포질돌기는 난문에 마개를 한 모양으로 남겨지므로, 두 번째 이후의 정자는 들어가지 못하게 된다.

정자가 알 속에 들어가면 정자의 침입점(동물극)에서부터 다음에 표층포의 붕괴

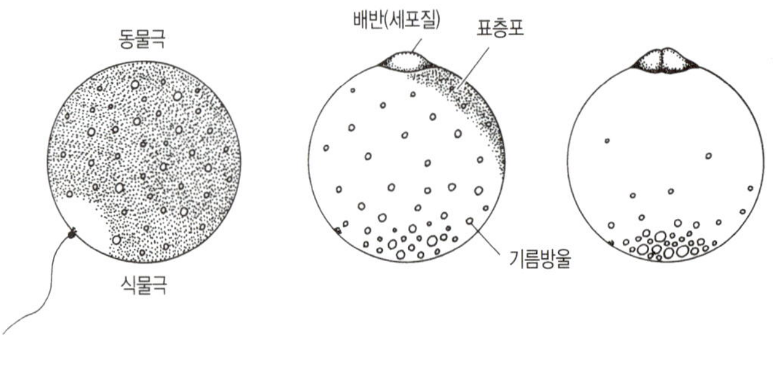

그림 5.4 송사리의 난막을 제거한 난의 수정

정자 침입점에서부터 표층포의 붕괴가 시작되고 그것과는 무관하게 세포질은 동물극에, 기름방울은 식물극에 모인다.

가 시작하고, 연쇄반응으로 알 표면에 전달된다. 그 결과 위란강이 형성되면 표층의 세포질은 동물극에 모여들고 기름방울은 융합하여 크게 되면서 천천히 동물극으로 이동한다.

자연상태에서는 알의 동물극에 난문이 있고, 정자는 그곳에서 한 마리밖에 들어가지 않는다. 난문을 제거하면 어떻게 되는 것일까? 송사리의 미수정란을 부화효소나 단백질 분해효소로 처리하여 난막을 부드럽게 하여 핀셋으로 주의깊게 난막을 벗겨낸다. 이 같은 난막제거 알에 정자를 가하면 정자는 알의 어느 곳에서라도 들어가는 것이 가능하며, 게다가 몇 마리라도 들어간다. 표층포의 붕괴는 정자가 들어간 장소에서 시작한다. 그러나 정자의 침입점과는 무관하게 세포질은 동물극에 모이고, 기름방울은 식물극으로 이동한다(그림 5.4). 알을 원심하여 표층포를 이동시켜도 세포질 기름방울의 이동방향은 변하지 않고 동식물극축은 변하지 않는 것이 알려져 있다.

난 내에 들어간 정자의 두부는 부풀어져 **웅성전핵**으로 되고 난핵(난핵포)은 감수분열을 종료하고 **자성전핵**이 된다. 동물극에 모인 세포질의 부분을 배반이라고 하지만, 배반의 중심에는 자웅의 전핵이 융합하고 수정과정이 종료된다.

5.2.3 양서류의 수정

개구리와 같은 무미양서류와 도롱뇽과 같은 유미양서류가 대표적인 양서류이지만, 무미양서류는 한 개의 알에 한 마리의 정자밖에 들어가지 않는 단정수정이고, 유미양서류는 한 개의 알에 다수의 정자가 들어가고 생리적으로 다정(난 내에 합체하는 정자의 핵은 한 개이다)인 것이 특징으로 양자의 큰 차이점이다. 유미양서류의 다정에 대해서는 나중에 다루므로 여기에서는 무미양서류(개구리)의 수정에 대하여 설명한다.

개구리의 알은 **젤리층**에 의해 둘러싸여 있고 종에 따라 그 형상에는 알 덩어리를 만드는 것, 끈 모양인 것 등의 차이가 있다. 이 젤리층은 수정의 불가결의 요소이고 젤리 제거 알이나 산란 후에 물을 흡수해 젤리층이 팽윤한 알은 수정하지 않는다. 난소에서 배란된 알(1차 난모세포)은 체강으로 나와서 수란관으로 들어간다. 배란 후의 체강의 알은 젤리층을 가지고 있지 않으나, 용해한 젤리 물질을 가해도 수정하지 않는다. 알은 수란관을 통과하는 사이에 분비된 젤리에 둘러싸여 산란되지만 산란한 알(2차 난모세포)은 젤리층을 제거해도 젤리 물질을 가하면 수정하므로 알은 수란관을 통과하는 사이에 젤리층에 둘러싸이는 것만이 아니라 수정에 대응할 수 있는 변화가 일어났다는 것을 알 수 있다(그림 5.5).

배란 직후의 알은 큰 **난핵포**를 가지고 있으며, 제1감수분열 전기의 상태이다. 이

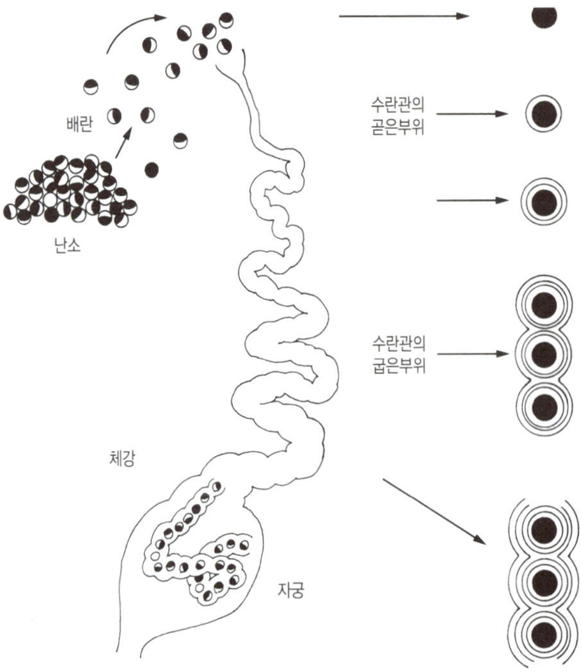

그림 5.5 **두꺼비의 수란관과 알의 이동**

미숙란은 프로게스테론의 영향으로 난 내의 MPF(앞서 언급)를 만들어 감수분열이 진행하지만 제2감수분열 중기가 되면 CSF의 영향으로 감수분열은 중단하고 거기까지에 난막의 성숙과 젤리층의 분비가 일어나고 자궁에 고인다. 자궁란은 번식기에 수컷과의 포접에 의해 산란된다. 그 때 방정에 의해 정자의 침입이 일어나고, Ca에 의한 CSF가 활성을 잃어버림에 따라 감수분열을 재개하고, 감수분열 완료 후 자웅의 전핵의 합체가 일어나 수정이 성립한다.

젤리를 제거한 알에서는 왜 수정이 되지 않는 것일까? 수정에는 두 개의 요인이 필요하다. 개구리 정자에는 첨체가 있고 수정시 첨체반응이 일어난다. 첨체반응은 젤리층에서는 일어나지 않고 알의 젤리층을 통과해 난막에 도달한 때에 일어난다. 이 첨체반응 유발물질은 수란관의 선단부의 추출물에 의해 일어나는 것이 알려져 있다. 첨체반응 유발물질은 알이 수란관에 들어가면 즉시 분비되어 난막의 바로 외측에 침착한다. 그 외측에 수란관에서 젤리층이 분비된다. 젤리층은 첨체반응을 일으키지 않지만 수정에는 필요하다. 이 필요 물질은 젤리층 속에 포함되는 1~5mM의 Ca 이온 혹은 Mg 이온이다. 산란 직후의 팽윤하지 않은 젤리층은 극히 고농도의 염류를 포함하고 있고 이 속에서는 정자는 운동할 수 없다. 수중에 산란되면 젤리층은 팽윤하기 시작하여 1~2분 후에는 염류는 확산하여 Ca 농도는 1~5mM으로 열게 된다. 이 농도가 이 수정의 기회이다. 더욱이 10분 이상 경과하면 0.1mM 이하가 되어버린다. 개구리가 수중에서 산란할 필요성은 여기에 있다.

첨체반응은 Ca 이오노포아에서도 일어나며, Ca 이온이 필요한 것이 알려져 있다. Ca 이온은 이미 설명한 CSF의 활성을 잃게 하여 감수분열을 재개시키는 데에도 필요하나, 일반적으로 수정 여부를 확인하는 데에는 수정막의 형성 여부나 난할의 시작 여부 등으로 판단할 수 있으나 젤리층에 포함한 Ca는 그 최내층의 난막에 첨체반응을 일으키는 데에 필요하고, 정자가 난 내에 침입한 후에 활성화된 세포질(아마도 소포체)에서 분리된 Ca로 감수분열이 재개되어 수정이 성립하는 것으로 생각된다.

5.3 다정거부

수정은 알의 핵과 정자의 핵의 합체에 의해 성립하나 그 때 각각의 핵은 감수분열을 마쳐 활성화되어(팽윤하여) **자성전핵**, **웅성전핵**으로 불린다. 이 때 합체하는 자웅의 전핵은 각각 한 개로, 모계의 유전자와 부계의 유전자의 양쪽이 자손에 전해진다. 그 때문에 환형동물, 극피동물, 경골어류, 무미양서류, 포유류 등에서는 한 개의 알에 침입하는 정자의 수는 한 개로 한정되고 있다. 이 같은 알에서는 두 마리 이상의 정자침입을 막는 장치가 작용하고 있다. 그러나 불행하게 두 마리 이상의 정자가 들어가면 난할이 불규칙하게 되어 발생이 정지하거나 사멸한다. 이 같은 수정의 양식을 **단정**이라고 하고 두 마리 이상의 정자의 침입을 막는 장치를 **다정거부기구**라 한다.

다정거부기구에 대해서는 오래 전부터 연구가 진행되어 동물의 종에 따라 꽤 다르다. 수정시에 성게와 같이 한 개의 알에 많은 정자가 모이는 동물에서는 **빠른 다정거부기구**가 작용하고, 포유류처럼 수란관의 선단에 있는 알에 모이는 정자의 수가 적은 경우에는 비교적 **느린 다정거부기구**가 작용한다.

성게에서는 10^6/mL의 정자액 중에 한 개의 알을 넣어도 다정으로 되지는 않는다. 이것은 정자가 알에 도달하면서부터 1초 이내에 성립하는 전기적인 빠른 다정거부와 1분이 걸려서 성립하는 화학적인 느림이 완전한 다정거부의 두 개의 기구가 있기 때문이다.

*S. purpuratus*라는 성게는 미수정란에 전극을 넣어 막전위를 측정해 보면 −60~−80mV의 전위를 가지고 있으나 정자를 가하면 그로부터 3~30초 이내에 활동전위라 부르는 탈분극이 일어나 전위는 +5~+10mV로 올라간다. 이것은 Na

이온의 난내유입에 의한다. 정자를 가함에 따라 막전위가 0mV를 넘어 +로 된 알에서는 다정이 되지는 않는다. −10mV 이하 밖에 이르지 못한 알에서는 때로는 다정이 보여지고, 그 때 처음의 탈분극 후, 5초 후에 제2의 부가적인 전위의 증가가 보여진다. 반대로 인공적으로 +5mV의 전위를 가한 미수정란은 정자를 가해도 수정은 성립되지 않고, 전위를 −10mV 이하로 낮추면 수정하며, 수정막형성이 일어난다(그림 5.6).

이것은 최초의 정자에 의해 0mV를 넘는 막전위의 증가가 다정을 거부하는 것을 나타내지만 보통 막전위의 증가는 정자를 가하고부터 3초 이내에 일어난다. 정자를 가하고부터 정자가 알 표면에 도달할 때까지의 시간을 고려해 보면 아마도 정자가 알 표면에 도달하면서부터 1초 이내의 극히 단시간에 다정거부기구가 작용하는 것으로 생각된다. 수정 시 −70mV에서 +의 레벨로 전위가 높아질 때까지의 시간이 극히 단시간이라는 점이 이것을 말해준다.

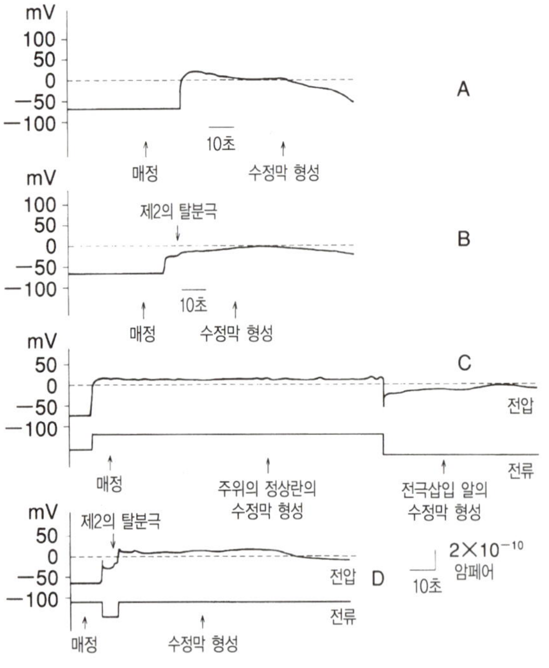

그림 5.6 성게 알 수정시의 활동전위의 변화

A: 매정 후 15초 정도에서 단시간 내에 −70mV에서 +10mV까지 탈분극이 일어나 단정으로 된다. B: 탈분극이 0에 도달하지 않을 정도로 적으면 제2의 정자가 들어가 다정으로 된다. C: 거꾸로 알에 전류를 흘려 +10mV의 전압을 넣으면, 정자는 들어가지 않고, 전류를 끊으면 정자가 들어간다. D: 거꾸로 정자가 들어간 후에도 전압을 내리면 또 다시 정자가 들어가 다정으로 된다.

그러나 성게류인 *P. microtuberculatus*나 *P. lividus*에서는 이처럼 빠른 탈분극은 보여지지 않는다. 이들의 미수정란의 막전위는 −18~−16mV로 정자를 가하면 +20mV로 오르나 이 전위의 변화에 13초 가까운 시간이 걸린다고 한다. 자연상태에서 알에 도달하는 정자의 수가 어느 정도인지는 모르지만 이 같은 전위변화가 다정거부에 충분히 유효한지는 알 수 없다.

같은 극피동물인 불가사리는 미수정란(난모세포)의 감수분열 도중의 일정한 시기(제1감수분열 중기)에 정자가 들어간다. **성숙유발인자**인 1-메틸아데닌(1-MA)이 작용하면서부터 40분 전후, 난핵포가 소실하여 제1극체가 나타날 때까지의 시기에 정자를 알에 가하면 알은 단정으로 되어 정상적으로 발생한다. 이것보다 빠르거나 늦으면 제2극체 방출 후에는 다정이 되어 정상적으로 발생하지 않는다. 자연상태에서는 신경의 지지세포에서부터 생식소자극물질(GSS)이 분비되어, 그 자극으로 생식소에서 1-MA가 분비되어 앞에서 설명한 난 성숙의 시기가 되어 자웅에서 각각 방난과 방정이 일어나 수정한다.

불가사리에서 다정거부기구는 1-MA에 의해 확립되지만 1-MA의 작용은 알에 일정한 막전위를 가함에 있는 듯하다. 미숙란의 막전위는 −73mV이다. 1-MA 투여 후 40분 걸려 성숙란이 되면 −31mV로 된다. 이 성숙란에 정자를 가하면 1초 이내에 −5mV 이상으로 올라가고, 보통 +12mV 정도의 전위가 유지된다. 최초의 정자 침입으로 알의 막전위가 −31mV에서 −10~+12mV 정도로 된 경우에는 다음의 정자는 알에 들어가지 않는다. 막전위가 −10mV에 도달하지 않은 경우는 제2의 정자가 들어가 다정이 된다. 정자와의 접촉이 늦어 과숙란이 된 경우에는 최초의 정자침입으로 −5mV에 도달하는 데에 15초나 걸리거나 혹은 −5mV에 도달하지 않기 위해 다정이 되어버린다. 미숙난의 막전위는 −73mV이므로 정자를 가하면 −5mV에 도달하는 데에 1분 이상도 걸리고, 이 사이에 많은 정자가 들어가 다정이 된다. 미숙란에서는 빠른 다정거부가 작용하지 않고, 정상적인 수정을 위하여 1-MA에 의한 성숙이 필요하다.

성게의 경우 전기적으로 빠른 다정거부기구에 이어 효소적인 느린 다정거부기구가 작용한다. 1분 걸려 성립하는 느린 다정거부기구는 **표층립의 붕괴**에 기인하는 것이다. 표층립은 몇 개의 단백질 분해효소(프로테아제)나 페록시다아제 등을 포함하고 있다. 수정시의 표층립 붕괴에 의해 이 내용물은 위란강이나 알의 바깥으로 나가나, 프로테아제의 하나는 알의 바깥에서, 난막과 정자의 바인딘의 결합을 절단하여 난 내의 들어간 하나의 정자 이외의 정자를 분리함과 동시에, 알의 H_2O_2의 방출을 촉진하고 있는 듯하다. 수정 시에 알은 H_2O_2를 방출하지만, 트립신인히비타와 같은 프로테아제 저해제를 가하면 H_2O_2의 방출도 저해되어 다정이 된다. H_2O_2는 정자를 불활성화하는 것 같다. 예를 들어, 수정 직후에 카탈라아제를 가해 H_2O_2를 분해하면 다정으로 된다. 이러한 효소에 의존한 화학적인 반응 외에 투명층이 형성되는 것이나 수정막이 형성되는 것도 정자의 침입을 저지하는 것에 효과가 있다. 페록시다아제는 수정막형성 시에 막구성단백질의 티로신(Tyrosine) 잔기 간의 가교에 의해 단백질 경화에 역할을 한다.

개불은 단정수정이지만 인공적으로 짙은 정자액을 가하면 다정이 되기 쉽다. 개불의 다정거부도 막전위의 변화에 의한다. 개불의 미수정란의 막전위는 −35mV 전후로 정자를 가하면서부터 2초 후에는 +50mV까지 오르고 그 다음에 내려가서

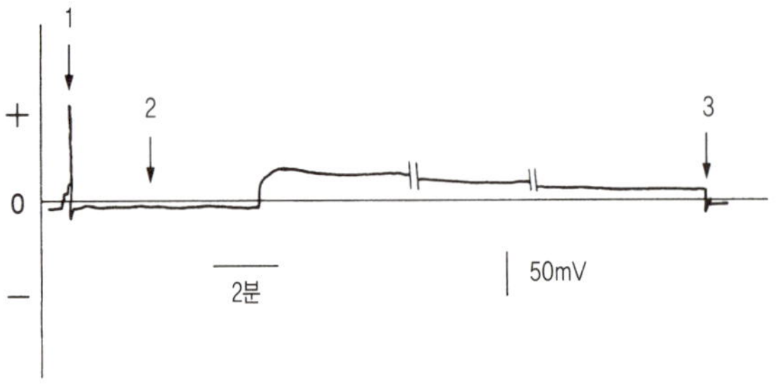

그림 5.7 두꺼비 알의 수정전위
1: 전극 삽입, 2: 매정, 3: 전극 제거

20분 후에는 −60mV까지 내려간다. 최초로 정자를 가하면서부터 4초 이내에 다정거부기구가 작용하기 시작하지만, 불완전하고, 이 때(4초 후)에 다시 정자를 가하면 50%가 다정으로 된다. 인공적으로 알에 전류를 흘려 −5~+25mV의 전위를 가하면 정자는 알에 들어갈 수 없다.

개구리의 경우에는 기본적으로 같지만 조금 모습이 다르다. 개구리는 미수정란의 막전위는 −28mV로, 수정 시에 1초 이내에 +8mV까지 전위가 오르고, 이어서 서서히 +17mV에 도달하여 21분간 지속된다. 이 전위의 상승에 의해 다정은 일어나지 않으므로 성게와 같이, 막전위의 상승이 다정거부기구로서 작용하고 있다. 이 현상은 발톱개구리나 두꺼비에서도 같다(그림 5.7). 그러나 개구리의 경우는 수정에 즈음하여 정자의 침입점에서부터 동심원적으로 퍼지는 Ca 이온의 증가가 일어나지만 이것에 대응해서 역시 동심원적으로 난세포막상의 Cl 채널(통과길)이 해방되어, Cl 이온의 투과성이 높아진다. 이 때문에 담수 중의 개구리 알에는 Na 이온이 유입되는 것이 아니라, 난 내의 Cl 이온이 난 외로 유출되는 것이 막전위를 상승시키는 원인이 된다. 또 개구리의 경우에도 표층립 붕괴에 수반하여 일어나는 수정막형성에 의해 느린 완전 다정거부기구가 작용하고 있는 것이 알려져 있다.

생리적 다정 : 곤충류, 연골어류, 유미양서류, 파충류, 조류 등에는 수정시 한 개의 알에 다수의 정자가 들어가는 현상이 보여져 생리적 다정이라고 부른다. 그러나 다정의 경우에도 알의 자성전핵과 합체하는 것은 하나의 정자에 유래하는 웅성전핵뿐이고 다른 정자유래의 핵은 퇴화한다. 이러한 다정수정의 동물에는 난세포막은 다정거부기구를 가지고 있지 않으며, 알에 침입한 모든 정자핵은 팽윤해 웅성전핵을 형성하고, 중심체로 발달하여 성상체를 형성하나 여기까지에서 합체한 전핵 이외의 중심체는 복제되지 않고 웅성전핵과 함께 퇴화한다. 따라서 생리적 다정이 되는 동물의 다정거부는 세포 내에서 일어난다.

이 같은 난세포 내 다정거부는 어떻게 해서 일어나는 것일까? 현재 밝혀진 결론은 확립되어 있지 않으나 몇 개의 가설이 있다.

많은 정자가 들어간 도롱뇽의 수정란을 침으로 이분해서 난핵과 정자의 핵을 가지는 난편과 정자핵만을 가지는 난편으로 나눌 수 있다. 이들 핵의 행동을 관찰하면 난핵을 가지는 난편에서는 한 개의 웅성전핵이 난핵과 합체해 접합핵을 만들고 다른 웅성전핵은 퇴화한다. 그러나 정자핵만을 가지는 난편에서는 정자핵은 퇴화하지 않고 방추체를 형성해 분열한다. 이것을 **다극**(多極)**분열**이라 부른다. 또 수정 직후에 난핵만을 미소피펫으로 흡인제거하면 난 내의 정자의 퇴화는 억제된다(그림 5.8). 이 같은 결과에서 프랑크하우저는 접합핵에서 다른 정자를 억제하는 인자(퇴화인자)가 나온다고 가정하고 난핵을 제거하면 난 내의 정자는 퇴화하지 않는다고 생각했다. 바테이론은 세포주기를 유지하는 활성화인자가 접합핵의 어느 동물극에 국재한다고 생각했다.

岩尾 등은 도롱뇽 교잡실험이나 핵이식에 의해 정자핵의 퇴화가 핵의 종류에 의존하는 것을 보이므로 후자에 가까운 생각을 제창하고 있다. 접합핵에서만 중심체의 복제가 일어나므로 중심체복제인자를 가정하여 접합핵의 형성 후, 상승하는 MPF(성숙촉진인자, 앞에서 나옴)의 활성상승에 따라 염색체의 형성, 쌍극방추체의 형성이 일어나지만 접합핵에서부터 먼 중심체복제인자의 작용이 미치지 않는 다른 정자핵은 이 세포주기 중에 들어가지 않기 때문에 퇴화로 유도된다고 생각된다. 어쨌든 간에 아직 확정적인 것은 알려져 있지 않으나 다정수정의 경우에는 다정거부기구는 난세포막에는 없고, 세포질 안에 있으며, 정자침입에 의해 MPF 활

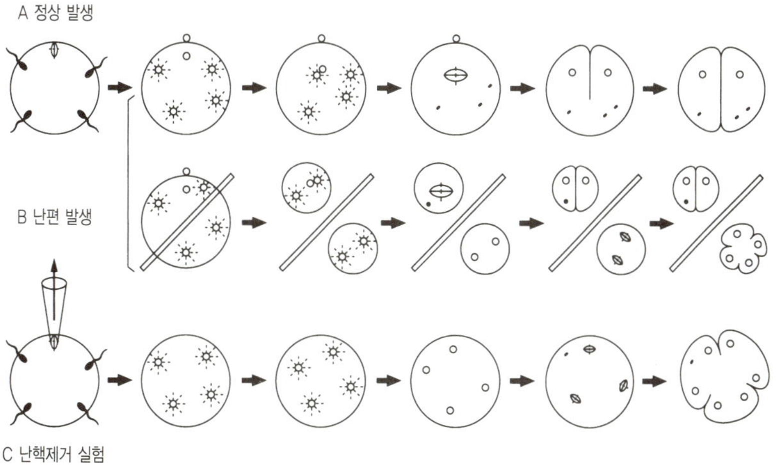

그림 5.8 영원의 알 속에서의 핵 행동을 모식화한 그림

A: 정상 발생, B: 난편 발생, 수정란을 가는 유리막대로 이등분한다. C: 난핵제거 실험. 수정 직후의 난핵(제2감수분열 중기~후기)을 가는 피펫으로 흡인 제거한다. B~C는 난할이 늦고, 대부분의 부속정자핵은 퇴화하지 않고, 씽극의 빙추체를 만드는 다극분열을 일으킨다.

성이 높아져 분열기로 유도되는 것이므로 다정의 난세포질 내에는 국부적인 차이가 생길 것은 이해된다. 최종적으로는 퇴화하는 정자핵은 DNase나 프로테아제 등의 공격을 받게 되겠지만, 그 같은 퇴화의 장치도 잘 알려지지 않았다.

5.4 사람의 수정

사람의 사정된 정자에는 **수정능력**이 없다. 사출된 정자는 여성 생식기관 내에 들어가서 처음으로 수정능력을 획득(수정능획득)하고, 게다가 **첨체반응**을 행하여 알을 둘러싸는 막을 통과하는 것이 가능하게 되어 수정한다. 이 같은 수정능력에 관련된 과제가, 오랜 시간동안 체외수정이나 시험관내 인공수정이 될 수 없었던 이유이며, 그 해명이 사람의 체외수정을 가능하게 한 것이다.

수정능획득 : 사출된 정자는 여성 생식기관을 통과하면서 수정능을 획득하지만 정자를 수란관에서부터 얻은 추출액이나 분비액에 넣어두면 수정하게 된다. 이 때, 어떤 변화가 일어나는가? 주요한 두 가지 변화가 알려져 있다. 그 하나는 남성의 수정관을 통과 중에 정자의 세포막 표면이 당단백질의 피막으로 둘러싸이는 것으로 이것에 의하여 정자는 반응성을 잃고, 수정에 불가결한 첨체반응 등을 일으키는 것이 불가능하게 된다. 이 당단백질은 **수정억제인자** 또는 **수정능파괴인자**로 불린다. 또 하나는 정자의 첨체에 포함된 아크로신(첨체 프로티나아제)이라고 이름붙여진 단백질 분해효소의 변화이다. 아크로신은 고환 속에서 처음 활성이 없는 프로아크로신의 형태로 합성되고 조금씩 분해되어 활성형 아크로신으로 변한다. 부고환 속에서는 10% 정도가 아크로신으로 되어 있지만, 이것도 수정관 내에서 아크로신 인히비타와 결합하여 아크로신-아크로신인히비타의 복합체가 형성되고 불활성인 형태로 변화된다. 이렇게 해서 사출된 정자는 완전하게 수정능력이 없는 상태로 되어 있다(**탈수정능**). 이것이 여성의 생식기관 속에서 수정할 수 있는 정자로 형성되는 과정이 정자의 수정능획득이다.

여성의 질 내의 분비액은 pH 3 정도의 다소 강한 산성이다 여기에 사출된 정자는 산성에 노출되나 정액 자체는 거의 중성이므로 다소 pH를 상승시키는 작용을 가지고 있다. 이 같은 변화에 따라서 정자의 수정능획득이 일어난다고 생각된다. pH 3에서는 정자의 피막(수정억제인자)은 제거되어 아크로신-아크로신인히비타의 복합체는 분리된다. pH 5.3에서는 프로아크로신이 아크로신으로 변화하여 활성화된다고 알려져 있다. 프로아크로신은 분자량 55,000과 53,000의 두 종류가 있고, 아크로신에는 분자량 49,000, 34,000, 25,000의 3종이 알려져 있으며,

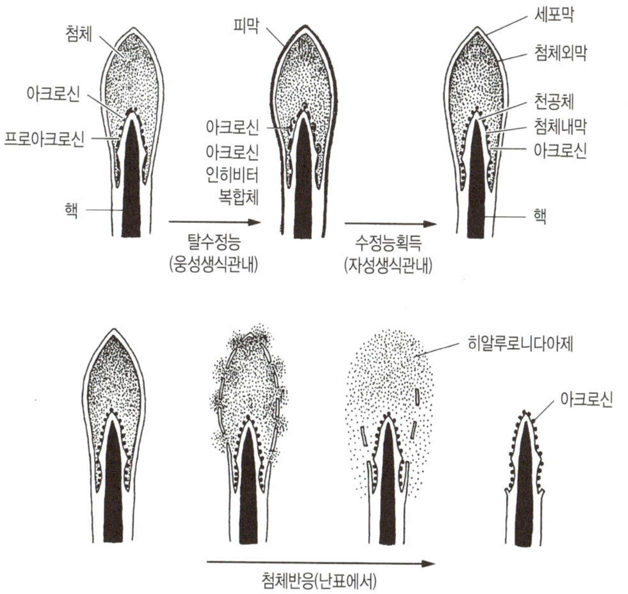

그림 5.9 **포유류 정자의 변화**

55,000 불활성형에서 차례로 분해되어 분자량이 저하함에 따라서 활성이 높아진다. 이같은 피막의 제거와 아크로신의 활성화가 수정능획득이며, 그것은 여성 생식관 내에서 일어나고, 이어서 난자와 만나 첨체반응을 일으키는 것이 가능하다.

정자의 선단에는 **첨체**가 있다. 수정능획득을 한 정자는 첨체의 선단부에 Ca가 결합하고, 첨체막의 막투과성이 변화하여, 외액의 침입에 의해 첨체는 팽윤하고, 곳곳에 구멍이 열려 차례로 붕괴된다. 이 현상은 포상화(胞狀化)라 불리고 있지만 이것이 형태적인 첨체반응이다(그림 5.9). 이 변화로 첨체 내의 히아로우로니다아제가 밖으로 방출되어 첨체막은 소실된다. 이 때 수란관을 이동한 정자는 난자와 만난다.

사람의 난자는 외측이 두터운 단백질성의 **투명대**라 불리는 난막으로 둘러싸이고 더구나 히아로우론산과 여포세포가 주체인 **난구**라 불리는 부분에 매몰된 형태(그라프여포, 그림 4.9)로 배란된다. 정자가 여기에 도달해 첨체반응을 일으키면 히아로우로니다아제로 난구의 기질인 히아로우론산은 녹아 여포세포도 갈갈이 찢겨 떨어져 정자의 통로가 된다. 난자는 투명대가 노출되고 정자도 첨체가 파괴되어 아크로신이 결합해 있는 첨체내막이 노출된다. 여기에 투명대와 첨체내막의 결합이 일어나고, 아크로신은 투명대를 녹여 정자의 통로를 만든다. 투명대를 통과한 정자는 성게와는 달리 난자의 옆에 바싹 붙어, 정자 측면의 세포막과 난자의 세포막 사이

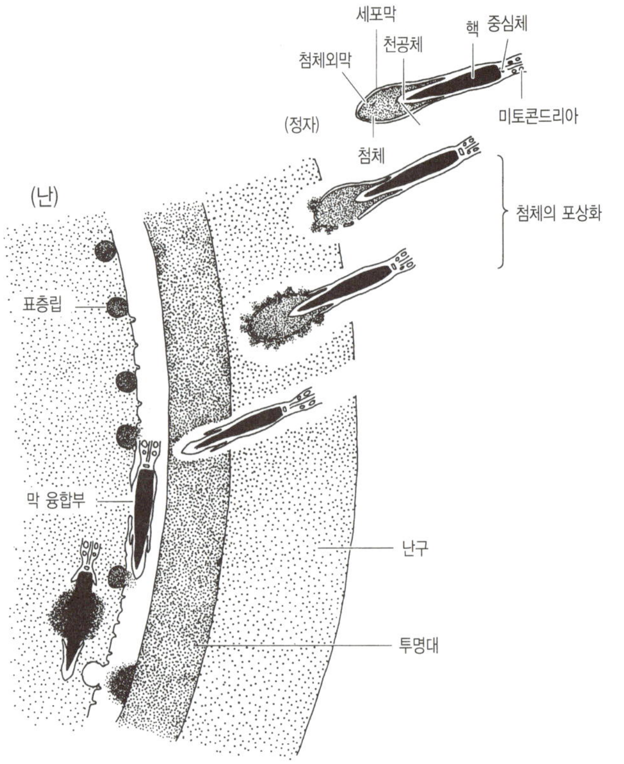

그림 5.10 **포유류의 수정 모식도**

에 막융합을 일으켜 정자핵 등이 난자 내에 끌려 들어간다. 이것에 의해 난세포질은 활성화되어 난핵의 감수분열을 재개, 종료시켜 난핵은 자성전핵으로 되고, 정자의 핵도 팽윤하여 웅성전핵으로 된다. 이윽고 자웅의 전핵의 합체에 의해 수정이 완료된다(그림 5.10).

한편 최초의 정자와 난자 사이의 막융합이 시작하면 다른 동물의 알과 같이 난표층의 표층립의 붕괴가 시작된다. 그 결과 다른 정자를 배제하는 **다정거부기구**가 작용하게 된다. 표층립의 붕괴에 의해 방출된 물질 속에는 프로테아제와 페록시다아제가 있다. 프로테아제는 투명대의 정자 수용체를 절단하고 정자가 투명대에 결합할 수 없도록 한다. 한편, 페록시다아제는 성게 알의 경우와 같이 투명대를 경화시켜 물리적으로 정자를 침입할 수 없게 한다. 투명대의 이 변화는 **투명대반응**이라 불리고 실험적으로는 표층립 붕괴 후 10~20분 이내에 정자는 난자에 침입할 수 없게 된다. 난세포막도 서서히 변화하여 40분 후에는 정자가 들어갈 수 없게 되나,

자연상태에서는 난자에 도달한 정자는 느린 운동으로 난세포에 접근하므로 10~20분 정도의 투명대반응으로 충분히 다정을 거부할 수 있는 것으로 생각된다.

읽을거리 5.
사람의 정자 수와 수정

포유류에서는 교미시에 사출된 정자의 수는 소동물에서는 적고 대형 동물에서는 많다. 1회에 사출되는 정자 수는 쥐, 마우스, 토끼 등에서는 5천만 개에서 6천만 개 정도이지만 돼지에서는 80억, 소에서는 30억, 사람에서는 1억~3억 개 정도이다. 그러나 어떤 동물에서도 수정부위인 수란관 팽대부에 도달하는 정자 수는 200~500개 이하이다. 수란관을 통과하는 사이에 많은 정자는 사멸한다. 게다가 질에서 수란관 팽대부에 도달하는 데에는 사람에서는 30분~1시간 정도 소요된다. 결국 이동속도가 느리다는 것이다. 이 운동은 정자 자신의 운동 외에 자궁, 수란관의 수축운동의 도움으로 이루어진다.

이렇게 해서 미수정란이 기다리고 있는 수란관 팽대부에 도달한 정자가 수정에 관여할 수 있는가 하면 그렇지는 않다. 정자가 수정하기 위해서는 수정능획득과 선채반응을 일으키지 않으면 안 되지만 특히 수정능획득에는 실험적으로 6~30시간(사람)이 필요한 것으로 알려져 있다. 사정에서 수란관 팽대부에 도달하는데 1시간이므로 수란관 통과 중에 혹은 난자에 도달한 정자 속에 수정능을 획득한 정자가 몇 %일까? 극히 조금이다. 긴 시간에 걸쳐 수정능을 획득해도 난자에 최초로 도착한 정자가 수정한 후에는 성립하지 않는다.

정자는 수정능을 획득하면 수정능을 일으켜 난구나 투명대를 통과하지 않으면 안 된다. 정자 수가 적어지는 점 외에도 이동속도도 늦어진다. 따라서 난자에 도달하는 첫 번째와 두 번째 정자 사이의 거리는 크지 않아도 시간적인 간격은 꽤 크게 된다. 사람의 다정거부기구는 시간이 걸리지만 그것 이상으로 난자에 도달하는 정자에 시간적 간격이 크므로 충분히 다정거부는 성립하고 정상적인 수정이 일어난다.

그러나 실험적으로는 난자와 정자의 비율이 1대 1로 수정하는데 자연상태에서는 난자에 도달하는 정자의 수가 적으면 수정하지 않는다. 무정자증으로 불리는 남성불임의 임상예도 정자가 없는 이유만은 아니고 정자 수가 적은 것이 원인인 경우가 많다. 수정능획득의 비율이 낮기 때문일까? 원인은 아직 밝혀지지 않았다.

사람은 여성에서는 400개, 남성에서는 무한이라고 말할 수 있는 다음 세대에 생명을 이어갈 수 있는 난자 혹은 정자를 만드는 데, 현재로는 그 중에 한 개 혹은 두 개 밖에 생명을 남기지 않는다. 그것으로 좋은가라고 하는 생각이 들기도 한다.

제 6 장

난의 극성

동물의 알은 완전에 가까운 구형이다. 구의 한가운데를 중심으로 한 점대칭의 회전체로 볼 수 있다. 그러나 실제로는 그렇지는 않다. 난원세포의 시기에는 그런지 모르나 성숙한 난은 점대칭성이 무너져 동물극, 식물극이 있고, 그것을 묶는 선대칭 = 동식물극축(난축)에 대해 방사상칭으로 되어 있다. 동물극측에는 무구조의 세포질이 모여 있고, 식물극측에는 난황물질이 모여 있다. 이 알이 수정하고 차례로 형태가 완성됨과 동시에 좌우대칭이 되어 두미, 전후(배복), 좌우의 3개의 방향성(극성)을 가져, 동물에 따라서는 좌우상칭성조차도 무너진다. 그것은 생명유지를 위해 진화과정에서 획득한 생물의 지혜이다.

이 같은 형태만들기의 변화는 근본을 따져보면 알의 **동식물극성**이 기본이 되어 있다. 극성이란 방향성을 가진 연속적인 양적 혹은 질적인 변화이다. 알의 동식물극성이란 무엇인가? 그것이 어떻게 해서 가능한가를 고찰해 보자.

6.1 동식물극성

달걀을 깨어 난황을 바로 위에서 보면 중앙에 희미하게 흰 부분이 보인다. 그것이 세포질이 모여 있는 부분으로 **배반**이라 부르며, 그 중심이 **동물극**이고, 반대로 바로 아래의 난황의 외표의 중심이 **식물극**이다(그림 6.1). 식물극은 난황이 많으므로 무겁고 항상 아래에 있다. 개구리의 알은 색소가 많고 난표에 색소가 있어 잘 구분된다. 알의 반은 검고, 나머지 반은 희다. 난표의 검은 부분의 중심이 동물극이고 흰 부분의 중심이 식물극이다(그림 6.2). 동물극측에는 세포질이 많고 활발한 활동이 보여지며 식물극측에는 영양이 되는 난황이 많으므로 이 이름이 지어졌다. 그래서 동물극과 식물극을 묶는 선이 동식물극축(난축)이다. 이 동식물극축의 방향에 따라서 동물극에 가까운 만큼 세포질이 많고 물질대사도 활발하다. 식물극에 가까운 만큼 난황이나 RNA가 많

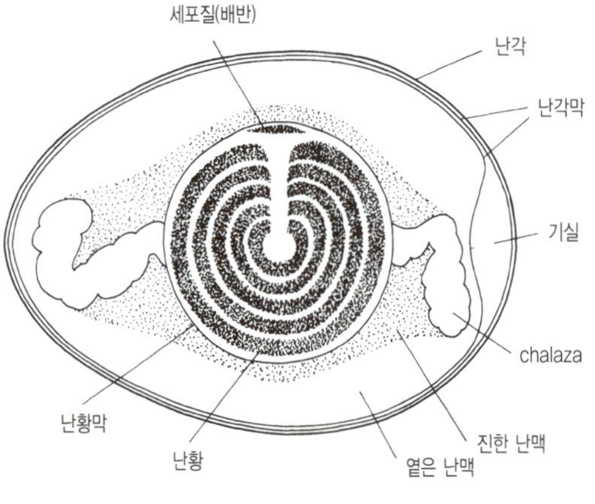

그림 6.1 **달 걀**

고 물질대사는 저조하다. 이 같은 방향성이 있는 구배(勾配)를 **극성**(여기서는 **동식물극성**)이라 한다.

현미경하에서는 성게처럼 균질하게 보이는 알에도 동식물극이 있다. 알을 해수 중에 방란시키기 전에 어미의 껍질 표면에 수분을 닦고 방란시켜, 먹물에 적신 후에 해수에 넣으면 부풀어진 젤리층에 한 개만의 검은 먹물이 들어간 구멍이 있는 것을 알 수 있다. 이것을 젤리구멍이라 하고 그 바로 아래가 동물극이다. 젤리층에 왜 그런 구멍이 생겼는지는 알 수 없다. 극체가 동물극에서 방출되기 전에 젤리구멍은 만들어져 있다.

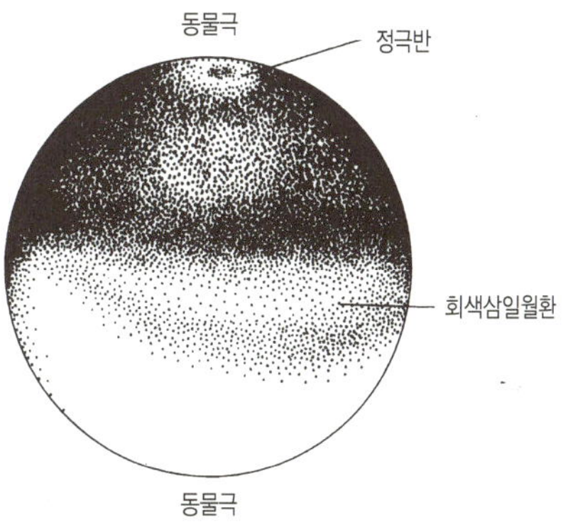

그림 6.2 아프리카 발톱개구리의 회색삼일월환(수정란)

일반적으로 동물극측이 두부로 되고 식물극측이 미부로 된다. 왜 그런지는 모른다. 그러나 알 속에 동식물극성이 만들어져 있고 알의 구성성분은 이 극성에 따라 질서정연하게 배치되어, 후에 만들어진 형태의 두부에서 미부로의 방향성을 정하고 있다. 양서류에서는 어미의 간에서 알로 보내지는 난황의 재료로 되는 물질에 형광색소를 넣어 비디오 카메라로 관찰하면 난황물질은 난 내에 들어가 식물극측으로 이동하고, 세포질은 동물극측으로 이동하는 것이 알려져 있다. 이 같은 물질의 배치가 다른 것은 어미에서 알로 보내어진 유전자 산물(RNA나 단백질)의 배치도 다르다는 것이다. 이 **모성유전자**(어미가 가진 유전자) 산물의 분포의 차이는 결국 알의 유전자 발현에 영향을 주어, 몸의 방향과 각 부분의 유전자에 의한 결정을 지배하고 있다.

성게 알을 세로로 이분하거나 2세포기에 세포를 나누면 각각 작아지면서 완전한 유생으로 되지만 알을 가로로 이분하거나 8세포기에 동물극측과 식물극측(상하)로 나누면 각각은 기형이 된다(그림 6.3). 즉 좌우는 같은 전능성(全能性)을 가지지만 동물극측과 식물극측은 명확히 장래의 발생운명이 다르다. 그 해석이 구배설(勾配說)을 낳았다.

그러나 예외도 있다. 세포질의 분포 등으로 동물극, 식물극이 이름 붙여져 있으나 많은 동물에서는 동물극으로 극체가 방출된다. 그런데 멍게 등에서는 극체가 방출된 동물극은 복측전방으로 되고, 식물극은 배측후방으로 된다. 초파리 등의 곤충에서는 극체는 방출되지 않고 난 내에 머물러 퇴화한다. 곤충은 동물극, 식물극의 구별은 하지 않고 두미의 방향으로 전극, 후극이라 부르고 있다.

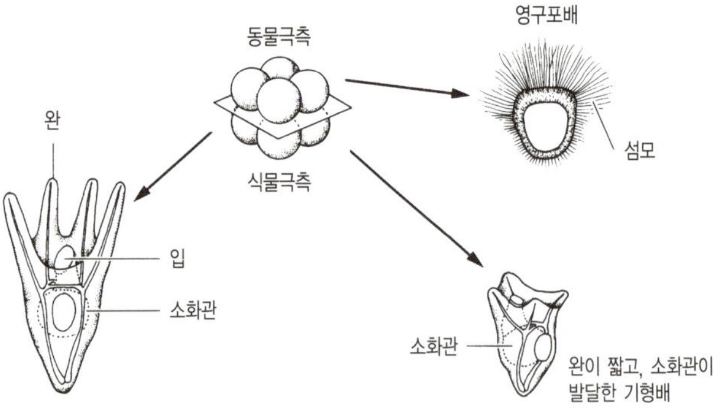

그림 6.3 성게의 8세포기의 배를 상하로 이등분한 배의 발생
좌우로 이등분한 경우는 작지만 정상배로 된다(세포수는 1/2).

동식물극성은 언제 어떻게 만들어지는가? 정자에도 방향이 있지만 정자의 두부, 미부의 방향이 어떻게 만들어지는가는 알려져 있지 않다. 알의 동식물극성에 관해서 몇 개의 관찰은 있으나 결론지을 단계는 아니다. 어류에서는 산란 전의 알에서 식물극이 난소벽에 부착하고 난소벽이 파괴되어 알은 식물극부터 난소를 빠져나간다. 그래서 장래 동물극측이 두부로 식물극측이 미부로 되지만, 이 극성이 언제 만들어지는가, 난원세포와 같은 이른 시기의 생식세포의 극성에 대해서는 관찰되어 있지 않다. 성게에서도 식물극이 난소벽에 접착해 있다고 알려져 있다. 성게에서는 난소가 분비하는 젤리물질은 알에 부착하여 젤리층을 형성하고 그 동물극에 젤리구멍이 있으므로 난소와 극성의 형성에 어떤 관련이 있다고도 생각된다. 반대로 해삼은 동물극측이 난소벽에 접착해 있다.

극성은 몸의 각 부분을 만드는 기반이 되므로 극히 중요하지만 알에 극성이 생기면서 그 극성에 따라 난소 내에 위치를 잡거나 난소에 부착하는 방향에 의하여 극성이 생기는 것은 중요한 문제이다.

개구리와 같은 양서류의 알은 동물극측이 검고 식물극측이 희므로 관찰이 쉽지만 난소벽과 극성과의 관련은 보이지 않는다. 여러 방향에서 난소에 접착하고 있다(그림 6.4). 알은 여포세포로 둘러싸여 있고 어디서라도 영양을 흡수하므로 극성이 결정된 후에 회전해 버리는 가능성이 있다. 알에 색소가 없는 초기의 난모세포를 전자현미경으로 조사한 결과에 의하면 중심체, 핵, 골지체 등의 위치관계로 동식물극성을 판별하는 것이 가능하다. 그래서 난원세포가 증식할 때의 세포분열에서 분열면이 식물극이 되는 것을 시사한다.

조금 세대를 거슬러 올라가서 배 속에서 시원생식세포의 생식질의 치우침(그림

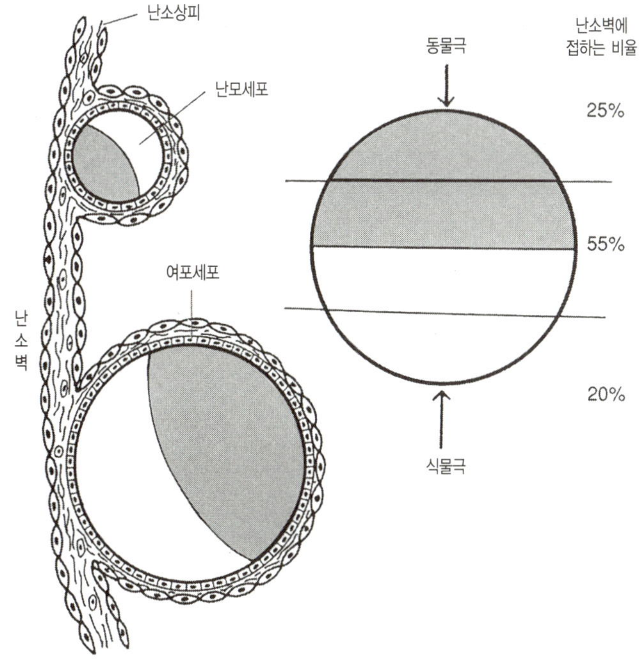

그림 6.4 아프리카 발톱개구리의 난모세포와 난소벽상의 위치 관계

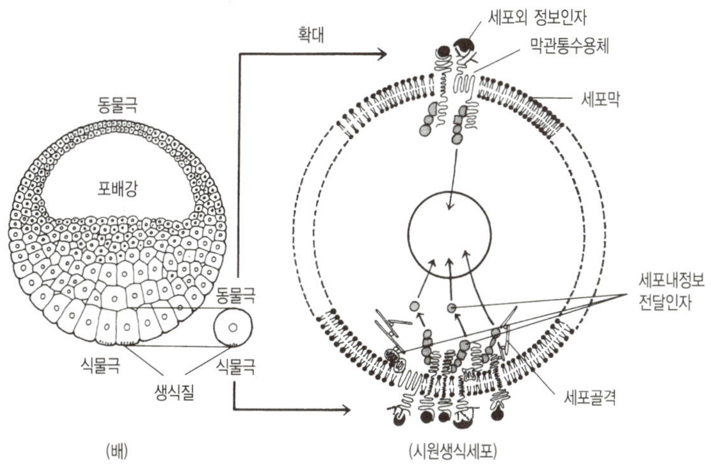

그림 6.5 개구리의 동식물극성 확립의 상상도

2.5 참조)에 원인을 찾을 수 없는 것일까? 배에 극성이 있고 그것에 따라서 배세포의 하나하나에도 극성이 있다고 하면 배 속에서 시원생식세포가 이미 극성을 가지고 있다는 것이 된다(그림 6.5). 현재로서는 이것을 증명할 실험기법은 없다.

완성된 성숙란에서는 식물극측의 피층에 액티빈 분자나 Vg1이라 불리는 유전자의 산물(RNA, 단백질)이 국재하여 있는 것이 알려져 물질분자의 분포에서도 극성이 있는 것이 알려졌다.

곤충의 경우, 난소 내에서의 위치, 방향이 알의 극성을 결정하고 있다. 초파리를 예로 들면, 난소는 난소소관의 다발로 이루어져 있다. 난소소관에는 여포세포로 둘러싸인 난실이 1열로 배열되어 있고 그 속에 난원세포가 4회의 불완전한 세포분열을 행하여 세포간연락으로 연결된 16개의 세포이다. 그 중에 한 개가 난실의 후부(기부)에 이동하여 난모세포가 되고, 남은 15개는 전부(선단부)에 모여 영양을 공급하는 영양세포로 된다(그림 6.6). 따라서 난모세포는 세포간연락에 의하여 보육세포에서 앞부분으로 영양을 보내고, 이곳이 전극(前極)이 되며, 후부가 후극(後極)이 된다. 곤충은 동물극, 식물극에 상당하는 부분을 전극, 후극이라 부르고 있다. 수정 시에 정자는 난문을 통과하여 전극에서부터 들어가고 앞부분이 장래 두부로 되며 후부는 미부로 된다.

이 같은 세포의 위치관계는 알의 전극과 후극을 결정하는 데에 결정적이다. 결국 비코이드라고 하는 모성유전자의 산물인 **비코이드 RNA**는 영양세포에서 보내져 와서 난모세포의 앞부분에 들어가, 그 최선단부에서 잡혀 거기서 국재한다. 한편

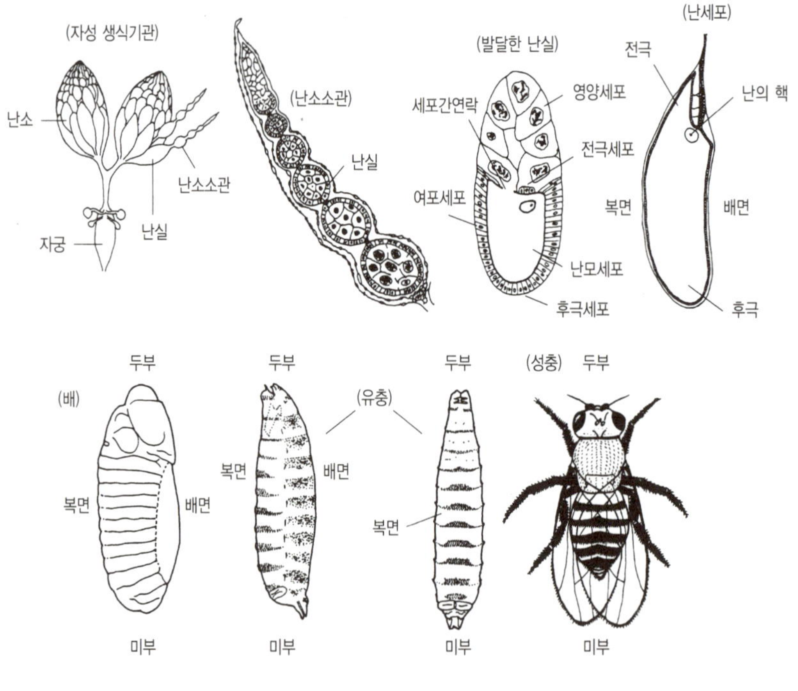

그림 6.6 **초파리 발생의 개략**

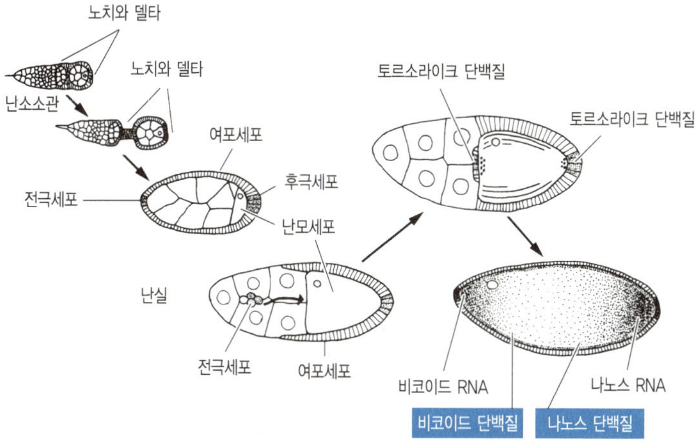

그림 6.7 **난실에서의 전후극성의 확립**

나노스라 하는 모성유전자의 산물인 **나노스 RNA**는 마찬가지로 난모세포의 앞부분에서부터 들어가지만 세포 내를 통과하여 후부까지 이동하여 후단부에 국재한다. 이들 RNA는 수정 후의 핵분열의 초기에 번역을 개시하여 각각의 단백질을 합성한다. 이 때 합성된 비코이드 단백질은 알 속을 넓혀가나, 전단에 짙고 후단으로 향함과 동시에 옅게 되는 구배를 형성하여 분포한다. 반대로 나노스 단백질은 후단에 짙고 전단의 방향에 옅게 되는 구배를 형성한다. 이러한 두 개의 상반된 방향의 단백질의 농도구배가 장래의 모든 유전자의 연쇄적 발현의 기반이 된다(그림 6.7). 결국 비코이드 단백질이 짙을수록 두부구조를, 나노스 단백질이 짙을수록 미부구조를 형성하도록 작용한다. 물론, 이들 각 구조는 여러 유전자 발현의 결과로서 종합적으로 형성되나, 최초의 기반이 되는 것이 이 두 개의 단백질의 상반된 구배이다.

이처럼 단백질의 구배를 형성하는 것이 곤충의 전후(두미)의 방향을 확립하고 있지만 RNA의 이동, 국재를 생각하면 구배가 이루어지기 전에 전부, 후부가 결정될 것이다. 난모세포의 구조를 생각하면, 난모세포의 전후의 방향성은 난소소관의 가운데의 난모세포의 위치, 방향에 의하여 정해질 가능성이 높다. 거기에 유전자가 작용하기 때문이다.

초파리의 돌연변이에서, 다이세파릭이라는 유전자의 결손으로 쌍두가 되는 변이가 알려져 있다. 다이세파릭유전자가 결손되어 있는 개체(어미)의 난실에서는 난형성시에 16개의 난원세포의 중앙의 세포가 난모세포가 되며, 남은 15개가 영양세포가 되지만, 영양세포는 난모세포의 전후에 8과 7 또는 9와 6이라 할 수 있는 비로 나뉘어진다(그림 6.8). 그 결과 영양세포에서 보내지는 비코이드 RNA는 세포간교를 통하여 난의 양측에 보내져 그 양단에서 축적되고, 거기서 비코이드 단백질을

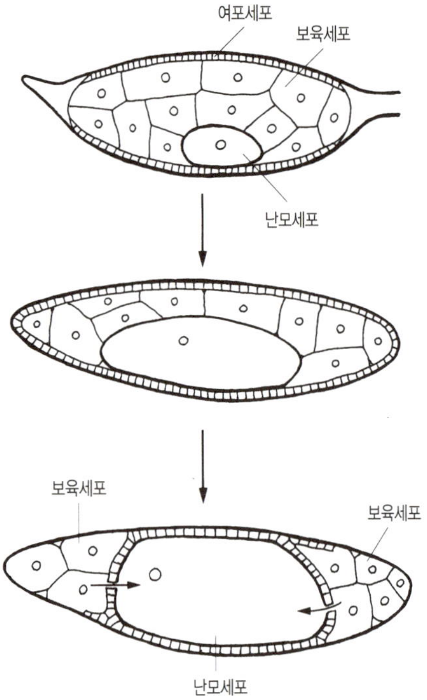

그림 6.8 **초파리의 다이세파릭 유전자 결손에 의한 쌍두배**

합성하므로 그 배는 양단이 머리가 되고, 복부와 미부는 없다. 물론 이 배는 생존하는 것이 불가능하나, 이러한 쌍두기형의 형성은 비코이드 RNA의 앞부분(前部)으로의 국재가 두부를 만드는 것을 증명하고 있다.

조류와 포유류의 알에도 동식물극성이 있다. 그러나 이들 동물에서는 다른 동물과 다르게 동식물극성은 배복극성과 일치한다.

6.2 배복극성

닭의 알을 보면 알 수 있듯이, 조류의 알은 이른바 난형으로 가운데에 구형의 난황이 있다. 난황의 표면 중앙에는 세포질이 있으나 난을 장축을 가로로 하여 가만히 두면 난황이 무거워 아래로 쳐지게 되고, 중앙에 있는 약간의 세포질 부분은 위를 향하게 된다. 여기에 세포분열이 일어나고 몸의 각 부분이 형성되므로 **배반**이라 불린다. 여기가 동물극측이고, 바로 아래의 난황의 표면의 중심이 식물극이다. 배반은 다량의 난황을 안은 모양이 되나, 난황은 복측이 되고 배반은 배측이 된다(그림 6.1 참조).

따라서 조류의 알의 동식물극성은 난소의 안에서는 이미 만들어져 있고, 알은 동물극측에 약간의 세포질이, 식물극에는 다량의 난황이 축적되어진다. 이 동식물극축은 배복축에 일치한다. 이 배복극성은 배반의 위쪽과 아래쪽의 pH의 차이에 의하여 정해지는 듯하다. 배반의 바로 위에는 난백알부민이 있고, 약알칼리(pH 9.5)이다. 배반의 아래에는 약산성(pH 6.5)으로, 이 차이가 배복의 방향성을 정하고 있다고 생각한다면, 동식물극성과 배복극성의 확립 사이에는 시간적인 차이가 있다.

난은 배란되어 수란관에 들어가 수란관 최선단의 개구부에 들어온 정자와 만나 수정한다. 수정란은 배반의 부분에 세포분열을 개시하여 수란관을 회전하면서 하강한다. 이 사이에 두미축이 형성된다. 보다 자세한 것은 배의 극성의 부분에서 다루도록 한다.

개구리나 도롱뇽과 같은 양서류의 알에서는 수정 시에 배복축(背腹軸)이 결정된다. 미수정란은 동식물극축을 중심으로 하는 방사대칭의 알이지만, 정자가 침입한 부위가 복측으로 되고 그 반대측이 배측으로 된다. 다정(多精)으로 알려진 도롱뇽도 실험적으로 알에 한 개의 정자를 가하면 정자침입부위가 복측이 된다. 이것은 양서류 특유의 **표층회전**에 기인한다.

개구리의 난소에는 모성유전자인 액티빈유전자의 RNA가 알을 둘러싸는 여포세포에 있고, 그 번역산물인 **액티빈**(난소의 펩티드호르몬)이 알에 보내져, 특히 식물극측에 많은 복합체의 형태로 쌓이게 된다. Vg1이라 불리는 단백질도 식물극에 가깝게 국재한다.

수정시 정자는 동물극측에 침입하나 미소관의 영향 등으로 난표층이 정자침입점의 방향으로 약 30도 회전한다. 이것은 **표층회전**이라 불리고, 세포질의 국부적인 활성화를 유발하여 극성의 형성에 중요한 영향을 준다. 표층회전에 의해 동물극은 정자침입점에 다소 가까워지도록 이동하고 식물극은 다소 멀어지도록 이동한다(그림 6.9). 이 때 난표층과 내부의 사이에 어긋남이 생긴다. 이 어긋남은 액티빈의 활성화를 유발하나, 이 장소는 정자침입점의 반대측의 식물극 쪽이다. 이 부분은 **뉴크프센터**라 불리고 있으나, 여기에서 활성화된 액티빈은 중배엽(특히 오거나이저)

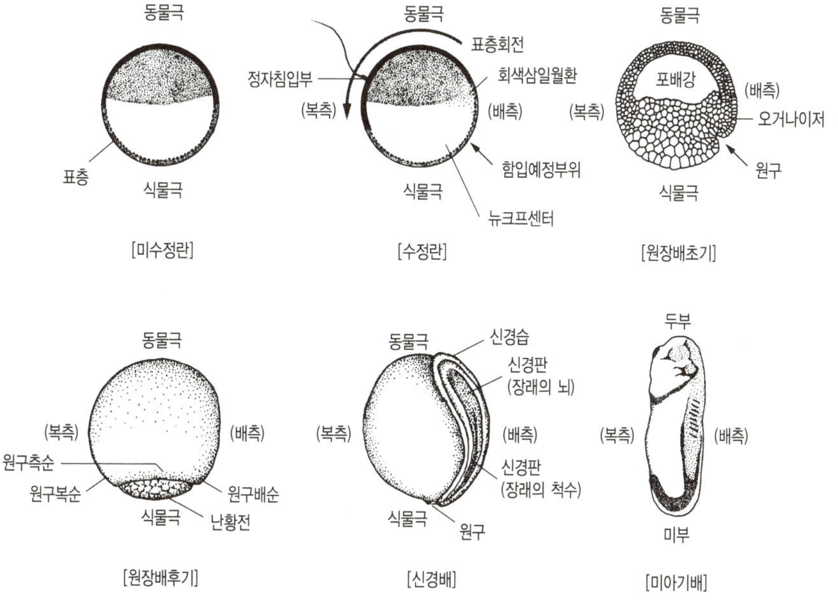

그림 6.9 **표층회전과 배복극성의 형성**

를 유도한다. 나중에 언급하겠지만, 오거나이저는 신경계(신경관, 척수)의 유도작용을 가지고 배측을 만든다(9장 2절 참조). 이를 위해서는 구스코이드, 노긴, 윈트 등의 많은 유전자가 관여하나 배복극성의 최초의 결정은 정자침입점이고, 거기에 따른 표층회전이다.

곤충의 알은 수정 전에 두미축과 배복축의 양쪽이 정해져 있는 유일한 특례이다. 배복축의 결정에는 난모세포의 핵이 결정적인 역할을 담당한다. 난형성의 중기에는, 난모세포의 핵은 이 세포의 후부에 위치하여 특별한 치우침은 보이지 않는다. 난모세포에는 모성유전자인 구르겐유전자의 산물, 구르겐 RNA가 있으나 이 RNA는 핵의 주변에 모여 있다. 특히 핵과 여포세포의 사이(즉, 난모세포의 후부)에 모인다. 거기서 RNA는 단백질(**구르겐단백질**)을 합성하고, 이 단백질은 정보가 되어 여포세포에 영향을 준다. 이 정보에 따라서, 여포세포는 난모세포의 세포골격인 미소관을 모아 배열하는 분비물을 분비한다. 그 때문에 미소관은 난모세포의 후부에서 여포세포에 따라 배열된다. 이 미소관이 핵의 이동로가 된다. 핵은 미소관에 따라 전방에 이동하여 멈춘다. 즉 핵은 난모세포의 표층을 후부에서 전방으로 이동하는 것이 되므로 난모세포 전체로 보면, 난의 최선단의 중앙에까지 이동하지 않는 한 핵의 위치는 어느 쪽으로든 치우치게 된다. 핵이 치우친 쪽이 배측이 된다. 즉 핵은 난모세포의 배측의 전방에 이동한다(그림 6.10). 여기서 핵 주변의 구르겐 RNA는 구르겐단백질을 합성하여, 여포세포에 영향을 주어 유전자 발현을 저해하나, 이 영향은 핵에 가까운 배측에는 영향을 주나 먼 배측에는 영향을 주지 않는다. 이리하여 배복의 유전자 발현의 차이가 명확히 되고 배복의 구조의 차이를 만드는 원인이 된다.

한편, 난은 역시 모성유전자인 **dorsal 유전자**(배측화유전자)의 RNA를 가지고 있고, dorsal RNA는 수정 후 90분경, 번역되어 dorsal 단백질이 합성된다.

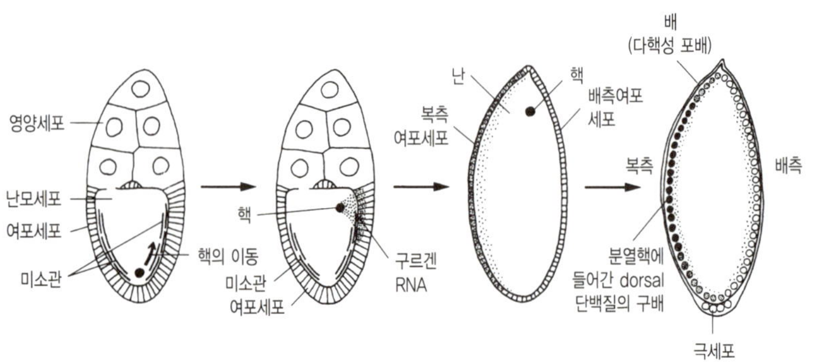

그림 6.10 **난의 발달에 따른 배복극성의 확립**

dorsal 단백질은 초기 배에서는 다핵세포의 배 전체에 퍼져 있으나, 곧 **구르겐단백질**의 영향으로 배측에는 들어가지 않고, 복측의 핵에만 들어가 DNA와 결합하여 전사조절인자로써 작용한다. 도살단백질은 복측의 핵에 가장 짙고, 측면에서 배측을 향해감에 따라 옅게 되는 구배를 형성한다(그림 6.10 참조). 이 구배가 그 후의 유전자 발현에 영향을 주고, 배복의 형태형성의 기반이 된다. 두미축은 비코이드와 나노스의 두 단백질의 세포질 내 구배에 의하여 결정되지만 배복축은 도살단백질 하나만, 더욱이 핵간 구배에 의하여 결정되는 것이 두 극성형성의 차이이고 특징이다. 도살단백질의 구배는 배측과 복측의 구조를 만드는 유전자의 전사조절의 기반이 된다. 도살유전자는 복측을 만드는 유전자라 할 수 있으나, 이 유전자가 결손되면 복측도 배측화 되기에 이 이름이 붙여졌다.

여기서 말한 유전자는 모성유전자이고, 그 산물인 RNA나 단백질이 난소의 난내에 치우치거나 구배를 형성하는 것이 알의, 곧 배의 그리고 성체의 방향성 = 극성을 정하고 있다. 모성유전자의 산물은 초기의 전사조절인자 등으로서 작용하는 것이고, 그 구배 = 극성은 **체절(분절)유전자군**이나 **호메오틱유전자군** 등의 연쇄적인 발현에 영향을 주어 그들의 지배의 토대로 최종적으로 여러 구조유전자에 의하여 형태나 기능이 발현되는 것이다(10장 참조).

6.3 사람의 난자에 극성은 있는 것인가?

사람의 난자가 투명대로 둘러싸여 있는 것은 이미 설명하였다. 투명대 가운데의 난모세포에 동물극이나 식물극의 구별은 되어 있지 않다. 그러나 감수분열 시에 투명대의 내측에 극체를 방출하나, 그 때 염색체는 난표면에 치우쳐 있고 거기에 극체를 방출한다. 더욱이 수정 후의 제1난할(세포분열)에서 분열면은 극체 방출부위를 통하여 세로로 나뉜다. 이러한 초기의 현상을 보면 다른 동물에서 말하는 것처럼 동물극, 식물극이 있는 것이다.

그러나 제2분열 이후는 불규칙하다. 예를 들면, 제2분열에서는 제1분열 후의 한쪽의 세포는 세로로 나뉘고, 다른 쪽의 세포는 가로로 나뉘어 **회전난할**이라고도 불리고 있다(그림 6.11).

제3분열 이후는 완전히 불규칙하고 분열의 방향도 시간도 일치하지 않는다. 극성은 없어지고 있는 것처럼 보인다. 포유류의 종류에 따라서도 다르지만, 배의 4세포기나 8세포기에 배를 낱낱이 쪼개보면 각 세포는 전능성을 가지고 있으며, 각각의 세포가 한 개체의 성체가 된다는 것이 알려져 있다. 사람은 이러한 실험은 불가

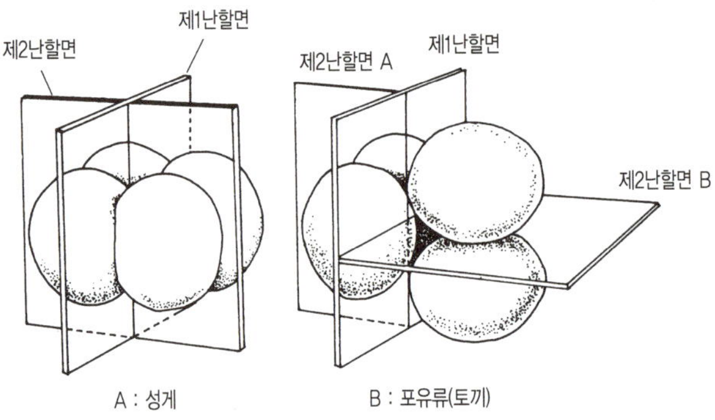

그림 6.11 **포유류의 회전난할**

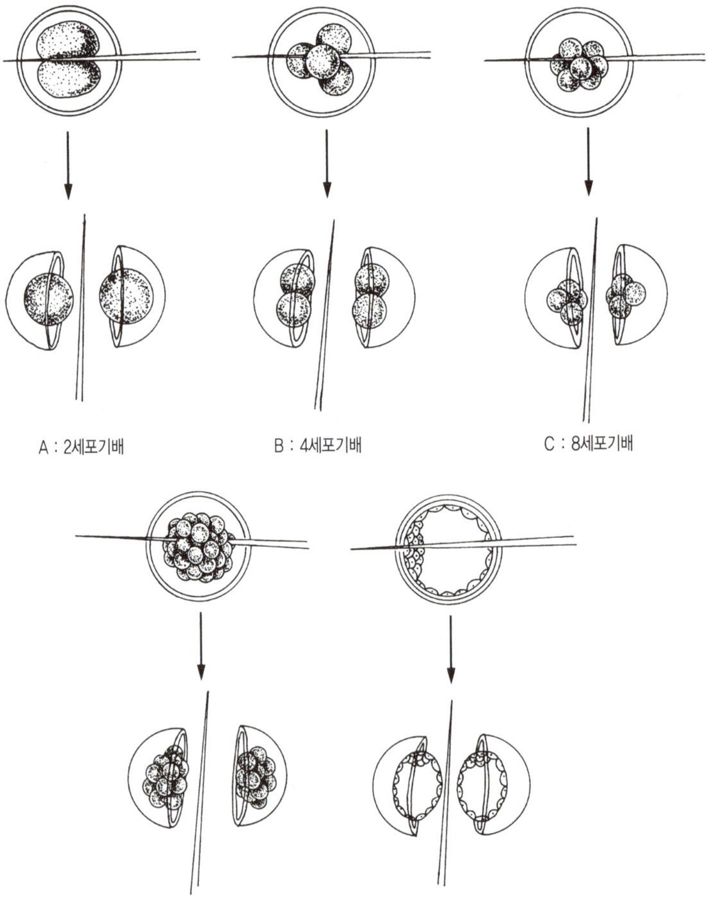

그림 6.12 **포유류 배의 절단 이등분 조작.** 이같은 조작으로 쌍생체가 얻어진다.

능하므로 모르겠으나 일란성쌍생아의 형성과정을 보면 역시 극성이 있다고는 생각되지 않는다.

소 등은 배반포가 되어 배반포강이 형성될 즈음이 되면 또 다시 극성이 생겨 이후 이 극성에 따라 세포분화나 발생이 진행된다. 예를 들면, 배반포를 그림에 보이는 것처럼 방향에 맞게 이분했을 때에만 쌍생체를 얻을 수 있기 때문이다(그림 6.12).

읽을거리 6. 위치정보의 개념

월바트(1971, 1978)는 히드라를 사용한 재생과 이식실험에서 **위치정보**의 개념을 제창했다. 개체 중에서 각 세포는 특정 부위의 효소활성처럼 위치에 고유한 값으로 쉽게 변하진 않는 위치값과 저해물질 같은 확산성물질의 위치기호(시그널)와를 가지고 있어 양자는 떨어지지 않고 상호의존적인 관계로 발란스를 지녀 그들을 위치정보로서 인식하고 자기위치와 방향을 정해 이동하고 정위하며 분화한다고 생각했다.

히드라의 두부를 절단하면 확산성의 시그널은 생산원을 잃고 감소한다. 그것을 절단면의 세포는 인식해 잃어버린 위치 값을 합성하고 시그널을 생산해 복원을 계획하는 것이 재생이고 그 결과 절단면의 세포는 자기 본래의 위치를 지킨다. 이식의 경우에는 위치 값과 시그널의 차이가 클 때 그 발란스를 복원하기 위해 측면에 새로운 아체가 생긴다(그림 6.13). 이것이 실험결과에 대한 위치정보의 개념의 적용이다.

나중에 여러 가지 동물의 다수의 실험에서부터 이 개념은 더욱 더 복잡하게 수정되면서 정착하고 있다. 특정의 형태형성에 관여하는 유전자 산물인 단백질을 투입하는 것에 의해 세포가 예측된 행동을 나타내는 것과 이들 단백질의 농도 차에 의해 세포분화와 형성된 조직이 다르게 되는 (예를 들면, 유도) 것 등도 위치정보로 되는 물질과 그 농도구배 등의 중요성을 나타내고 있다. 이 예는 본문 중에 자주 나온다.

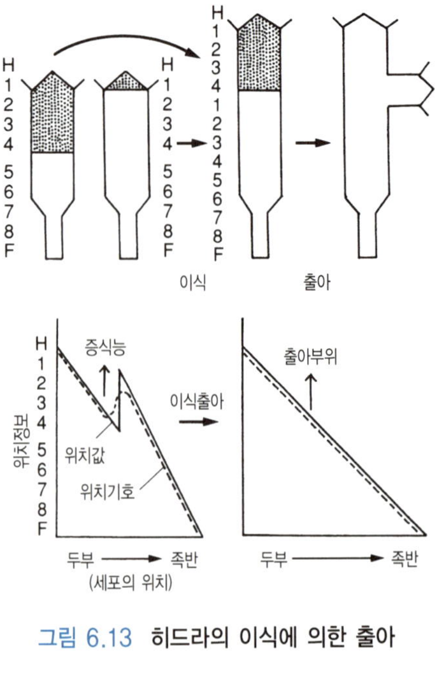

그림 6.13 **히드라의 이식에 의한 출아**

제 7 장

난 할

여기까지 난(알)이나 정자와 같은 생식세포가 어떻게 생기고, 어떠한 성질을 가지고 있는가를 고찰했다. 그 합체가 **수정**이며, 그것이 발생의 출발점이 되는 것을 설명하였다. 발생의 진행이 눈에 보이는 형태로 일어나는 현상이 **난할**이다. 난할이란 난의 세포분열인 것이나 보통의 체세포의 분열과는 다르게, 난할은 동물의 발생과정의 수행에 있어 극히 중요한 의미가 있으며 그 때문에 현저한 특징이 보인다.

일반적인 체세포분열은 세포수를 늘리기 위하여 일어나는 현상으로, 한 개의 세포는 분열 후 세포성장이 일어나 같은 세포가 두 개로 된다. 그러나 알은 앞에서 말한 것과 같은 극성이 있으며, 난 내부의 장소에 의하여 구성성분의 분포, 위치, 양 등이 차이가 있다. 난할은 이러한 난 내의 장소적인 차이를 그대로 하여 오히려 혼합되지 않도록 칸막이를 만드는 현상이다. 여기서는 이것을 **구획화**라 부르는데 난할의 결과로 만들어진 인접한 각각의 세포는 다른 성분을 가지는 것이 난할의 특징이다. 이 때문에 각 세포는 다른 분화가 가능하다.

난할의 방법은 기본적으로 체세포분열과 다르지 않으므로 세포분열을 이해하는 데에도 중요하다. 또한 난할은 DNA의 복제도 일어나고 그를 위해 세포주기의 제어도 일어난다. 드디어 난할이 진행되면 포배 중기에는 새로운 단백질의 합성도 개시되므로 이를 위한 제어기구도 있다. 이들의 중요한 현상에 대하여 이 장에서 고찰한다.

7.1 난할의 의의

수정란은 단세포이다. 수정란이 난할을 시작하는 것은 생물의 다세포화 바로 그것이다. 동물은 원생동물과 같이 단세포인 것도 있고, 이배충처럼 30~40개 정도의 세포로 이루어진 것에서부터 선충처럼 1,000개 정도의 세포로 된 동물도 있다. 세포 분화가 진행되어 복잡한 체제를 가진 동물은 세포 수가 수조 개를 넘는다. 난할은 이러한 다세포화에는 반드시 필수적이지만 여기서 중요한 것은 세포를 작게 하는 것이다. 단세포의 수정란은 지나치게 크다.

원생동물과 같이 단세포에서도 생존과 종족유지를 위하여 여러 기능을 가지고 있으나, 그럼에도 불구하고 환경에 적응하는 종족의 번영을 위해서는 형태를 바꾸어 기능의 다양화를 이루는 것은 생존에 유리하다. 다세포동물의 모양이나 기능의 다양화에는 세포의 이동이 필요하다. 난할에 의한 세포의 소형화는 세포이동을 위하여 극히 중요한 수단이 되고 형태형성을 위한 전제이다.

그러나 가장 중요한 것은 난할에 의한 세포의 구획화이다. 이미 말했듯이 알에는 동식물극성이 있어 난의 세포질의 분포에 치우침이 있다. 이 세포질을 구획화하여 이웃의 세포 간에 섞이지 않도록 하면, 세포 수가 적은 큰 구획화나 세포 수가 많은 섬세한 구획화라도 세포 간에는 많든 적든 세포질의 성질의 차이가 생겨 세포 고유의 성질이 주어진다. 이러한 세포 간의 차이는 세포의 **응집**, **이반**(離反)과 같이 세포이동의 원동력이 되며, 이웃한 세포 간은 **유도**와 같은 세포 간의 상호작용이 생긴다. 특히, 세포의 핵에 포함된 유전자가 같더라도 핵의 환경을 만드는 세포질의 차이는 유전자 발현의 차이를 유도한다. 그것이 세포 분화의 다양성을 만든다. 세포이동에 의한 세포의 배치나 그들의 세포 간 상호작용에 의해 복잡한 영향을 받아 보다 섬세한 다양성을 만든다. 수십의 세포로 된 개체는 수십의 다양성밖에 가지지 못하나, 수억의 세포로 된 개체는 수억의 다양성을 형성하여 얻는다.

체세포분열이 같은 세포를 배가하는 것과 다르게 난할은 난의 세포분열의 특수성에서 이름 붙여진 명칭이며, 만들어진 세포를 **할구**(割球)라 하며, 난할이 시작하면 난은 **배**(胚)라 불리게 된다. 난할은 할구에 고유한 성질을 주어, 할구 상호 간의 영향으로 이동하는 것도 있으며, 또한 세포질의 영향으로 유전자 발현이 좌우되나 유전자 발현의 산물은 세포질의 성분을 바꿀 수 있기에 새로운 세포 환경을 형성할 수 있는 것이다. 이것이 연쇄적으로 다음의 유전자 발현을 유도하며, 또한 새로운 세포 간 상호작용을 만드는 것이 되므로 시간적으로 끊임없이 변동하면서 세포 분화가 진행되어 형태의 형성(형태형성운동)이나 기능의 발현에 이르는 것이 동물의 발생이라고도 말할 수 있다.

7.2 난할의 특징

난할의 특징은 위에 말했듯이 배의 크기는 변하지 않고 난할 시마다 할구가 작아지는 것 외에 특히 난생의 동물(태생, 난태생 이외)에는 난할의 속도가 극히 빠르다. 이 양자의 사이에 밀접한 관련이 있다. 통상의 체세포분열이나 배양세포의 분열에서는 분열한 반쪽 크기의 세포가 원래의 크기로 되기(세포성장) 위해서는 8~12시간이나 걸리지만, 난할은 세포성장이 없고 할구는 반으로 작아진 채 있기 때문에 1회의 난할은 30분에서 1시간 정도이다.

이것을 이해하는 데에는 **세포주기**를 설명할 필요가 있다. 몇 회라도 반복하여 일어나는 세포분열의 1회에 대한 시간경과를 세포주기라 한다(그림 7.1). 세포주기는 광학현미경으로 핵의 변화가 보여 세포분열이 일어나는 분열기와 형태적인 변화가

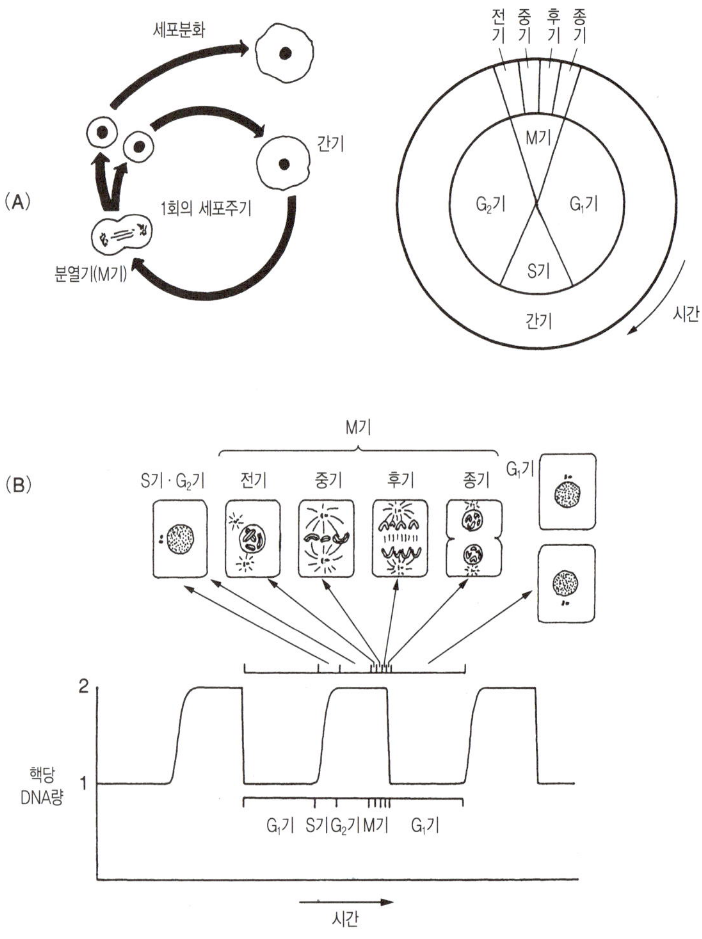

그림 7.1 세포주기와 DNA량의 관계

M기: 분열기, G_1 기: 세포성장기, S기: DNA 합성기, G_2 기: 분열 준비기

보이지 않는 간기로 크게 구분된다. 간기는 형태적인 변화는 보이지 않으나 생화학적으로는 DNA의 합성 등 활발히 활동하는 기간이다. 분열기는 **M기**라 약칭되고, 염색체의 상태에 의하여 전기, 중기, 후기, 종기 등으로 나뉘어지고 비교적 시간은 짧다(30~60분). 간기는 M기 직후의 세포 성장과 DNA 합성의 준비를 행하는 **G_1기**, DNA 합성을 행하는 **S기**, 분열장치 등의 단백질을 합성하는 **G_2기**로 나뉘어진다. 적혈구나 신경세포와 같이 분화해 버려 장시간 변화하지 않는 경우는 그 기간을 **G_0기**라 부른다.

일반적인 체세포분열은 M기 후에 세포질을 합성하고, 원래의 크기로 돌아간 후 DNA 합성에 필요한 효소나 DNA를 안정화하는 히스톤 등을 합성한다. 이어서

DNA를 복제, 배가하고, 더욱이 분열장치의 미소관단백질 등을 합성한 후 세포분열을 행하므로 간기에는 눈으로는 보이지 않으나 생화학적인 활성이 극히 높다.

많은 동물의 난할에는 세포질의 합성은 일어나지 않고 세포성장을 하지 않는다. 단순히 세포의 구획화를 행하기 위하여 G_1기 없이 할구는 작아진다. 더욱이 세포분열을 위한 단백질(히스톤이나 미소관단백질의 튜불린 등)이나 그것을 합성하기 위한 mRNA는 수정 전에 이미 준비되어 있으므로, 직접 단백질을 합성하거나 기존의 단백질을 이용하여 난할을 행하므로 G_2기도 극히 짧다. 이것이 난할기의 세포주기를 짧게 하는 이유이다. 새로운 단백질을 합성하기 위해 전사, 번역이 활발하게 되는 것은 포배 중기 이후가 되어서이다.

이리하여 난할은 시간적으로 능률있게 진행하고 할구도 작아지므로 할구(세포)의 이동이 용이하게 된다.

7.3 여러 가지의 난할

난 속에는 세포질의 분포나 양에 치우침이 있어 극성을 만드는 원인이 되나 이러한 치우침은 동물 종에 따라 가지각색이다. 주로 난황의 분포의 차이에서, 대략적으로 **등황란**, **부등황란**, **단황란**, **중(심)황란** 등으로 부르고 있다. 난할은 분열장치의 재료인 튜불린단백질이 많은 세포질에서 행해지므로, 특히 세포질의 치우침이 없는, 성게나 포유류의 알과 같이 난황이 적은 등황란은 할구의 크기가 같이 완전히 나누어지는 등할로 전할이 행해진다. 양서류나 조류와 같이 난황이 많고 더욱이 치우쳐 있는 부등황란이나 단황란은 할구의 크기의 차이가 생기거나 할구가 완전히 분리되지 않는 경우가 많아 부등할이나 부분할이라 부르고 있다(그림 7.2).

양서류의 알은 부등황란으로 부등전할의 대표적 예이다. 난황이 극단으로 식물극측에 치우쳐 있는 어류나 조류의 알은 단황란(端黃卵)이라 부르고, 세포질은 동물극측에 국재하여 배반(胚盤)이라 불린다. 난할은 이 부분에서만 일어나며 반할(盤割)이라 부른다. 곤충류나 거미류의 알은 세포질이 알의 중앙과 표층부에만 있으며, 난할이 표층부에만 일어나는 표할(表割)이 보여진다(그림 7.3). 한편, 할구의 배열 패턴에 의하여 방사난할, 좌우대칭난할, 나선난할 등이 구별되어 있다(표 7.1). 이러한 차이는 분열장치의 위치나 방향의 차이에 의해 생긴다.

그러나 이러한 구별은 난할의 초기에 보여지는 규칙성으로 난할이 진행되면 차례로 규칙성을 잃는다. 예를 들면, 성게는 16세포기에서 상실배기에 걸쳐서 일시적으로 부등전할을 한다. 양서류도 제1, 2난할은 등전할이다(그림 7.2 참조). 갯지

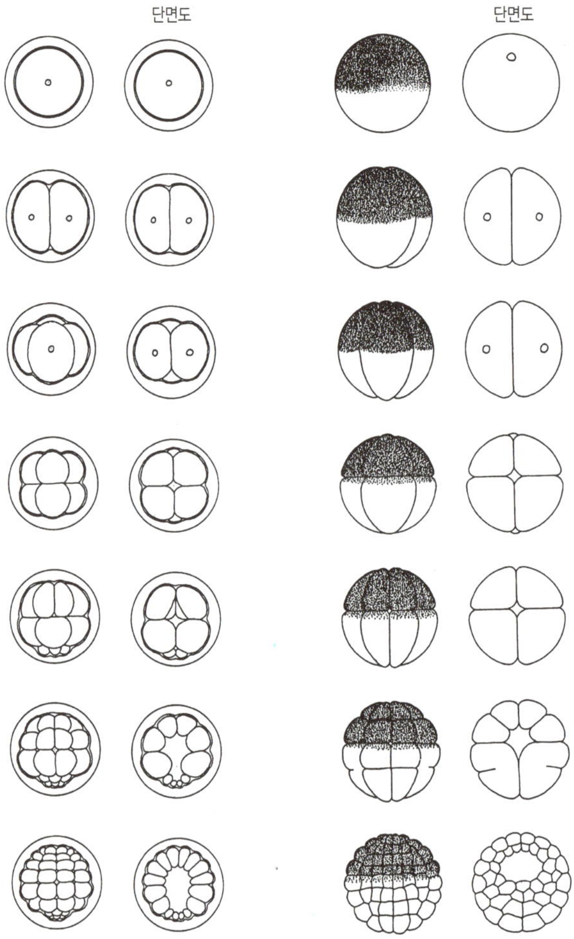

그림 7.2 난 할

좌: 성게, 우: 개구리. 각각의 우측은 단면도이며 개구리에서는 수정막이 제거되었다.

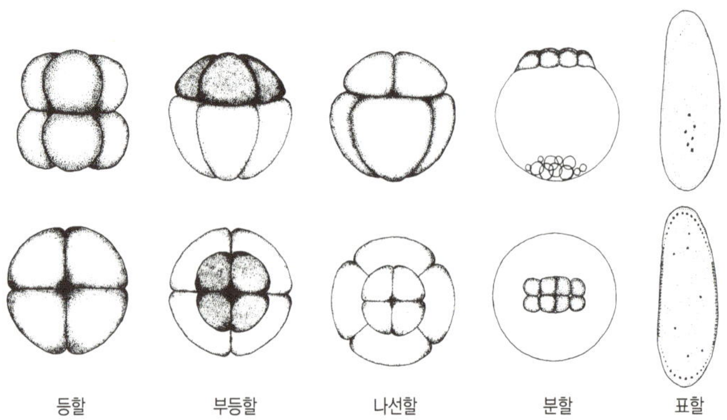

그림 7.3 난할 양식의 모식도

표 7.1 난할양식

난할의 명칭	난할의 양식	예
방사난할	난할면이 동 · 식물극축에 평행 또는 수직이고, 그 축을 중심으로 할구가 방사대칭으로 배열한다.	극피동물, 포유류
좌우대칭난할	제1난할면이 배의 정중면과 일치, 이후의 난할이 그 면에 대하여 좌우대칭적으로 나뉘어진다.	선형동물, 원삭동물, 두족류
나선난할	난할면이 동식물극축에 수직이 되지 않고 조금 기울어지고 계속해서 난할이 이 면에 수직으로 일어난다.	환형동물, 선형동물, 다기장류, 두족류를 제외한 연체동물
등전할	크기가 같은 할구가 완전히 분리되는 방식으로 난할이 행해진다.	극피동물, 원삭동물, 포유류
부등전할	난할에 의해 할구는 완전히 분리되나 할구의 크기는 차이가 난다.	환형동물, 연체동물, 양서류
반할	난할이 동식물극측의 일부(배반)에서 일어난다.	절지동물, 판새류, 경골어류, 파충류, 조류
표할	난황이 중앙에 있고 난할이 알의 표층에서 일어난다.	갑각류, 거미류, 곤충류

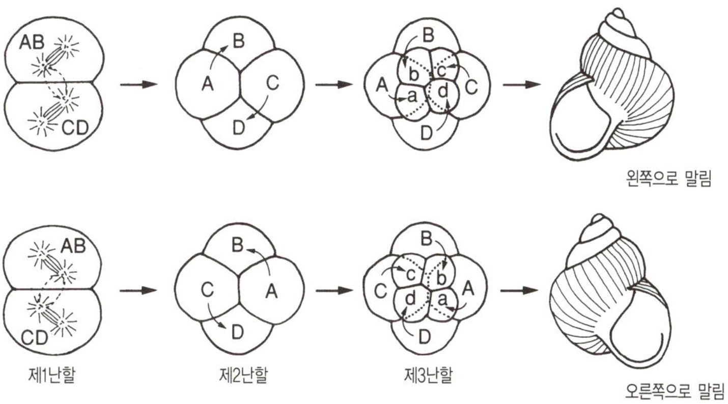

그림 7.4 남방쨈물고둥의 나선난할과 껍질의 말리는 방향
위 : 왼쪽으로 말림, 아래 : 오른쪽으로 말림

렁이와 같이 처음은 나선난할을 하지만, 다음 단계로 난할의 동조성을 잃음과 동시에 좌우대칭난할이 되는 것도 있다. 두족류를 제외한 연체동물은 일반적으로 나선난할로 더욱이 부등할을 행하는 것이 많다. 권패류의 일종으로 껍질이 오른쪽으로 말린 남방쨈물고둥의 나선난할의 방향은 역시 오른쪽으로 말리며, 왼쪽으로 말린 왼돌이물달팽이의 난할은 왼쪽으로 말린다(그림 7.4). 남방쨈물고둥은 우권과 좌권의 것이 있으며, 그들의 교배로 우권이 우선적으로 우성이 되는 것이 알려져 있

다. 일반적으로 난할의 위치, 방향, 순서 등은 동물에 의해 일정하며, 유전적으로 정해져 있다고 생각된다.

7.4 난할방법

난할은 통상의 체세포분열과 마찬가지로, 핵분열과 그것에 이어 세포질분열에 의해 일어난다. 그 역할을 맡는 것은 미소관이나 미소섬유 등의 세포골격이다. 핵분열은 튜불린이라 불리는 단백질로 된 미소관이 주체가 되고 세포질분열은 액틴이라 불리는 단백질로 된 미소섬유가 주체이다.

핵분열은 염색체를 두 개로 나누는 현상이지만 이 때 **분열장치**가 형성된다. 분열장치는 수정 시에 정자에 의해 들어온 중심체가 두 개로 나뉘어 발달한 것으로, 성상체를 만들고 중앙에 염색체를 끼워 **중심체**, **성상체**, **방추체**에 의해 구성된다.

성게나 개구리의 알은 알을 인공적으로 활성화시킨 상태에서 중심체를 주입하면 난할이 시작하는 것이 알려져 있으며, 반대로 수정 후에 형성된 초기의 성상체를 미소주사기로 빨아들이면 난할이 일어나지 않게 된다. 이러한 실험결과는 확연히 수정시에 정자에 의하여 들어간 중심체가 난할의 주된 역할이 된다는 것을 나타내는 것이지만, 동물의 종에 따라 혹은 인공적으로 활성을 부여하는 방법에 의해서는 난 자신이 가진 중심체가 발달하여 분열장치를 만들어 난할이 일어난다고 생각되는 경우도 있다.

수정시의 난에 들어간 정자의 중심체에서 미소관이 늘어나서 성상체가 형성되

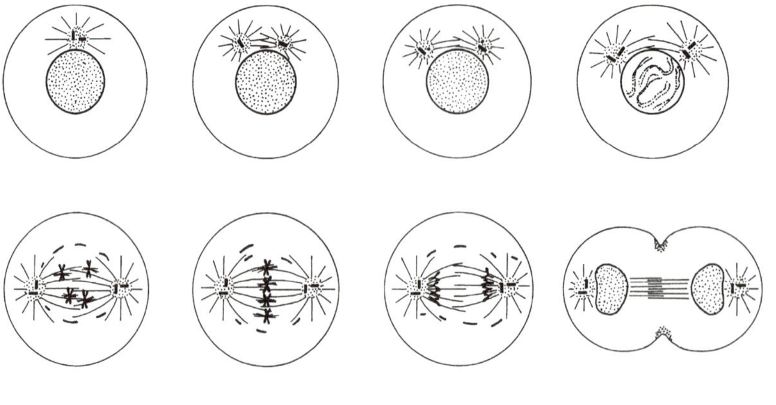

그림 7.5 **세포분열과 중심체**

중심소체가 나누어지고 각각 복제하여 두 개의 성상체를 만든다.

면, 자성전핵과 웅성전핵은 난 중앙에 끌려가 합체(접합핵)된다. 결국, 두 개의 중심소체(중심립)에서 만들어진 중심체는 두 개로 나뉘어 각각이 복제되어 두 개의 중심체가 생겨 접합핵의 양측에 위치하여 미소관이 늘어나 성상체나 방추체가 생긴다(그림 7.5).

중심체는 두 개의 중심소체가 직각으로 T 자형 또는 L 자형으로 위치하는 미소관의 다발로 되어 있다. 중심체의 주변에는 미소관형성 중심이 있고, 거기서 미소관이 방사상으로 늘어난다. 미소관은 알파-튜불린과 베타-튜불린의 두 종의 단백질이 중합되어 규칙적으로 나열되어 13개의 섬유가 관을 형성한 것으로, 1개의 미소관을 Singlet이라 하고, 성상체나 방추체의 실이 그 예이다. 2개의 미소관이 다발로 되어있는 것을 Doublet이라 하고, 섬모나 편모는 9개의 Doublet이 윤상으로

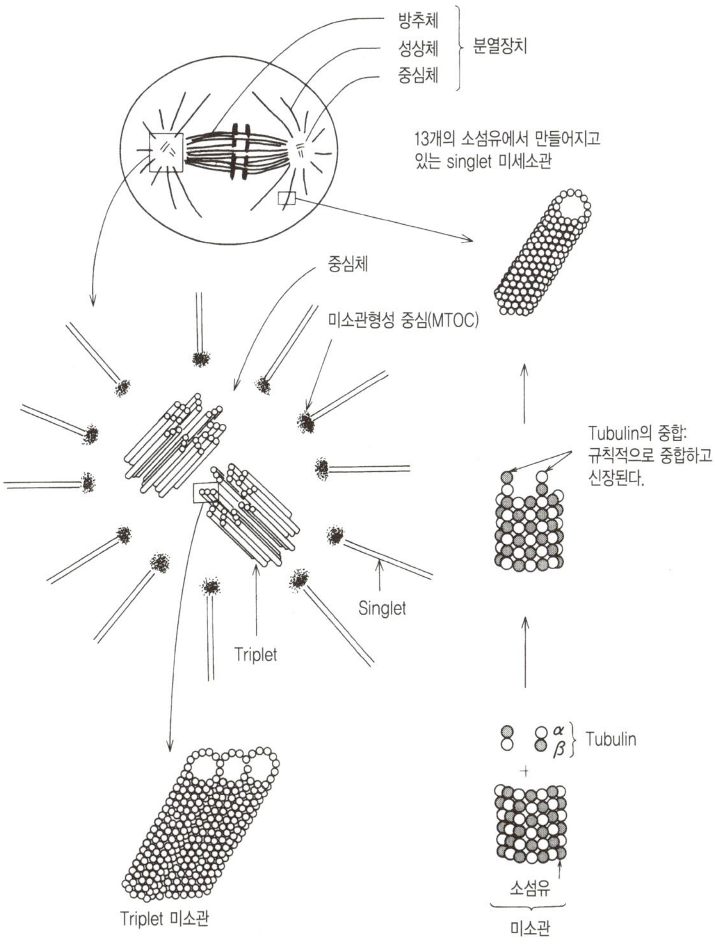

그림 7.6 **분열장치와 미소관**

나열하여 중심에 두 개의 Singlet이 있다. 3개의 미소관이 다발로 된 것을 Triplet이라 하고, 중심체는 9개의 Triplet이 다발로 된 원통을 만드는데(중심소체), 이 1쌍으로 이루어져 있다. 미소관의 신장은 튜불린의 중합, 탈중합에 의하여 일어나고, 이것이 분열장치를 형성하여 염색체를 두 개로 나눈다(그림 7.6).

염색체가 두 개로 나뉘면, 액틴이 난의 중앙에 모여 섬유를 형성하여 미소섬유의 다발로 된다. 미소섬유는 미소관보다 가늘므로 이 이름이 붙여졌다. 구형의 알 속에 두 개의 중심체에서 늘어난 성상체사는 난표층까지 도달하나, 난의 중심부의 표층에는 두 개의 중심체에서 늘어난 성상체사가 분포하며, 성상체사의 분포밀도가 높다(그림 7.7). 이 부분에 Ca가 집적되며 이 때문에 미소관이 탈중합을 일으켜 단축하고, 한편으로는 G-액틴(과립상 액틴)이 중합하여 F-액틴(섬유상 액틴)으로 되고, 더욱더 늘어나서 미소섬유로 되어 다발을 형성하나, 여기에는 근육과 같은 미오신도 포함되어 그 공동작용으로 미소섬유의 사이에 미끄러움이 생겨 전체로서 다발이 수축하여 알을 조여 자른다. 이것이 **세포질분열**이지만 이 때의 미소섬유의 다발은 **수축환**(收縮環)이라 부른다. 수축환의 수축은 액틴의 미소섬유 자신이 수축하는 것이 아니라 미소섬유의 활주(미끄러지기)에 의하는 것은 근수축과 같은 것이다(그림 7.8).

성게 알의 분열 초기에 분열장치가 발달하기 전에 분열장치를 빨아들이면 난할은 일어나지 않는다. 그러나 분열장치가 발달하여 성상체사가 난표에 도달한 후에 분열장치를 제거하

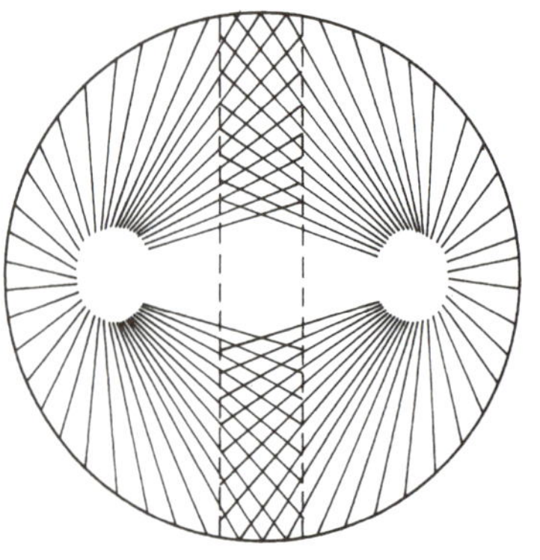

그림 7.7 성상체의 분포 개념도

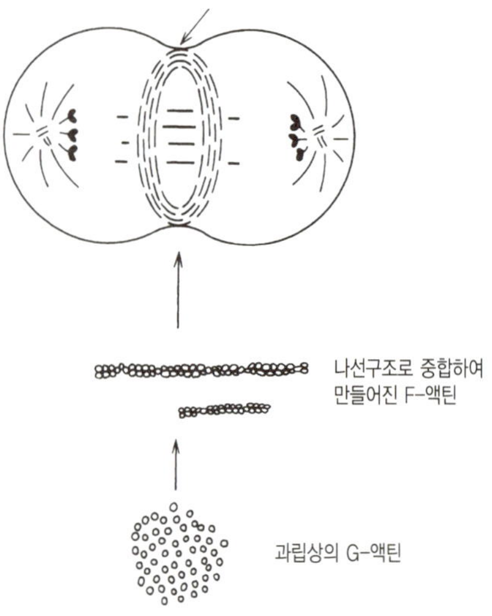

그림 7.8 세포질분열과 미소섬유

성상체의 영향을 받아 미소섬유의 중합이 일어나고, 수축환을 형성하며, 그 수축에 의해 세포질이 이등분된다.

면, 난은 난표층의 힘만으로 분열한다. 난의 내용물의 일부를 빨아들임에 의한 부피의 감소에 의함이 아님이 증명되었다. 이 사실은 핵분열시에는 분열장치가 주된 역할을 하여 분열 정보를 난표층에 전해, Ca의 집적과 같이 변화를 유도하여 세포질분열을 표층에 맡기는 것을 의미한다. 표층에는 분열장치의 정보에 따라서 수축환을 형성하여 후에 표층 독력으로 세포질분열을 수행하는 것이 가능하다는 것이다.

7.5 난할의 위치

난할의 위치 소위 난할면은 동식물극을 통하여 분열장치를 이분하는 것처럼 수직으로 생긴다. 성게나 개구리의 정상적인 난할에서, 제1분열과 제2분열은 세로로 나뉘고(**경할**), 제3분열은 가로로 나뉜다(**위할**). 난할을 현미경으로 관찰할 때, 커버글래스를 조금 눌러 알을 편평하게 해서 보면, 성상체나 방추체가 판별이 된다. 그 때 난은 중력의 관계로 동물극을 위로, 식물극을 아래로 하고 있으나 제1분열과 제2분열은 방추체는 수평으로 위치하여 수직으로 나뉘고, 제3분열에서는 방추체가 수직으로 위치하므로 난할면은 수평으로 된다(그림 7.2 참조). 그런데 수정 후 커버글래스를 눌러, 난을 편평하게 한 상태로 유지하여 난할시키거나 알을 무리하게 눌러버리는 정도의 섬세한 글래스관으로 알을 눌러 난할시키면, 알이 어떤 방향을 향해 있어도 방추체는 가로로 되고, 제1, 제2, 제3분열과 함께 난할면은

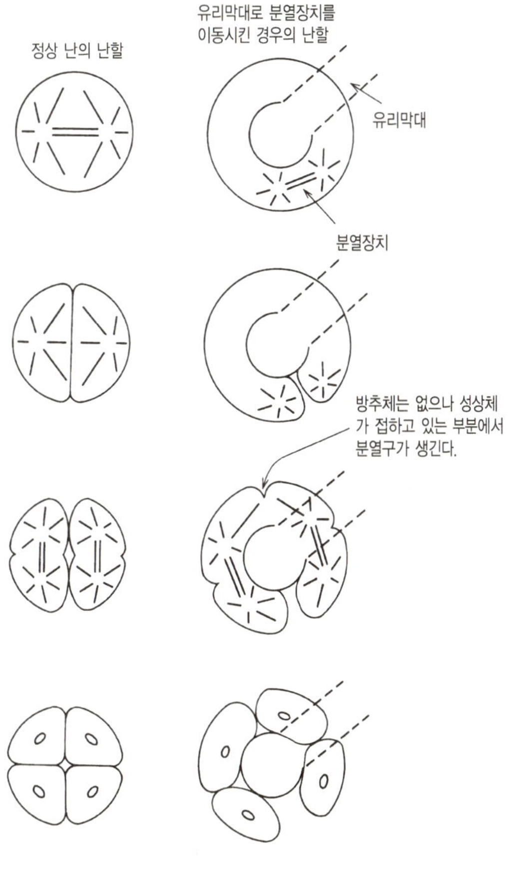

그림 7.9 **분열면의 결정**
분열장치를 이동하면 분열장소가 변한다.

세로의 경할이 된다. 또한 난을 원심분리시켜 분열장치의 위치를 바꾸면 분열장치가 치우친 쪽에 분열구가 들어간다.

이렇듯 난할면은 분열장치의 양극에 있는 두 개의 중심체를 묶는 선, 즉 방추체에 직교하는 면이 생겨 분열장치의 위치, 방향이 난할의 위치, 방향을 정하는 것으로 보인다. 라파포트(1961)는 성게의 수정란을 유리막대로 눌러 분열장치를 이동시켜 난할의 모습을 관찰했다(그림 7.9). 제1난할은 분열장치가 치우친 쪽에서 방추체에 직교하는 면에 난할면이 생겨 분열장치가 없는 쪽에는 분열하지 않았다. 그러나 제2난할에서는 방추체에 직교하는 면에 난할면이 생기는 것과 같이 방추체가 없는 부분에서도 옆에 있는 분열장치의 양쪽에서 성상체사가 늘어나 도달하고 있는 표층에 난할면이 생겼다. 즉 난할면의 결정에는 분열장치인 성상체가 중요한 역할을 하고 있다. 분열장치는 핵분열의 수행에 중요한 역할을 할 뿐만 아니라, 그 성상체는 분열의 정보를 표층에 전달하여 수축환의 위치를 결정하는 것에 의해 난할면을 정하고 있다.

환형동물이나 연체동물의 나선난할은 최초에 생긴 분열장치가 동식물극축에 대하여 수평이 아니라 약간 기울어져 있기 때문에 제1난할면은 동식물극축에 대하여 오른쪽이나 왼쪽으로 기울어버린다(그림 7.4 참조). 제2난할면 이후의 난할면은 보통 앞에 난할면에 대하여 직교하도록 생기므로 난할면은 교호로 좌우에 기울어져 결과로서 나선난할이 된다.

7.6 난할과 DNA 복제

수정란은 난할을 할 때마다 세포의 수가 늘어나지만 세포성장은 하지 않으므로 세포질의 양을 줄어간다. 그러나 유전자 DNA는 통상의 체세포분열과 같이 분열할 때마다 배가 되어 각 세포에 똑같이 배분된다. 따라서 난할기의 세포주기는 시간적으로 짧으나 DNA의 복제는 일어난다. 그 복제의 방식은 기본적으로는 체세포분열의 경우와 같다.

DNA는 이중나선구조이며, 진핵생물의 DNA는 곧은 사슬 모양이다. 응축한 염색체가 풀려 곧바른 사슬 모양의 이중가닥 DNA가 되나, DNA 복제는 그 말단에서 시작하는 것이 아니라 이중가닥의 도중에서 복제가 시작된다. 그 복제가 시작되는 DNA 부위를 **복제개시점**이라 한다. 환상(고리 모양) DNA를 가진 일부의 바이러스나 원핵세포는 복제개시점이 알려져 있으나, 선상 DNA를 가진 진핵세포는 아직 충분히 밝혀져 있지 않다. 이중사슬 DNA의 도중에 몇 개의 복제개시점이 있고, 그것들이 동시에 또는 순차적으로 복제를 개시한다.

복제개시점은 DNA 헤리카아제가 결합하여 이중가닥을 풀어 2개의 외가닥사슬 DNA로 나뉜다. 이것이 상류와 하류에 향하여 진행하여 DNA의 그 부분이 부풀어 지고, 그 부위의 DNA 복제가 일어난다. 그 부분은 눈이나 거품과 같이 보이므로 **복제안**이나 **복제포**라 불린다(그림 7.10). DNA 복제는 DNA 폴리머라아제가 DNA에 결합하여 행하지만 DNA 합성은 5′에서 3′로, 즉 주형 DNA의 3′측에서 5′측으로 진행하므로, 풀린 2개의 외가닥사슬 DNA는 합성방향이 반대로 된다. DNA의 3′측에서 5′측의 DNA(이것을 **리딩사슬**이라 한다)의 합성은 풀린 순으로 합성

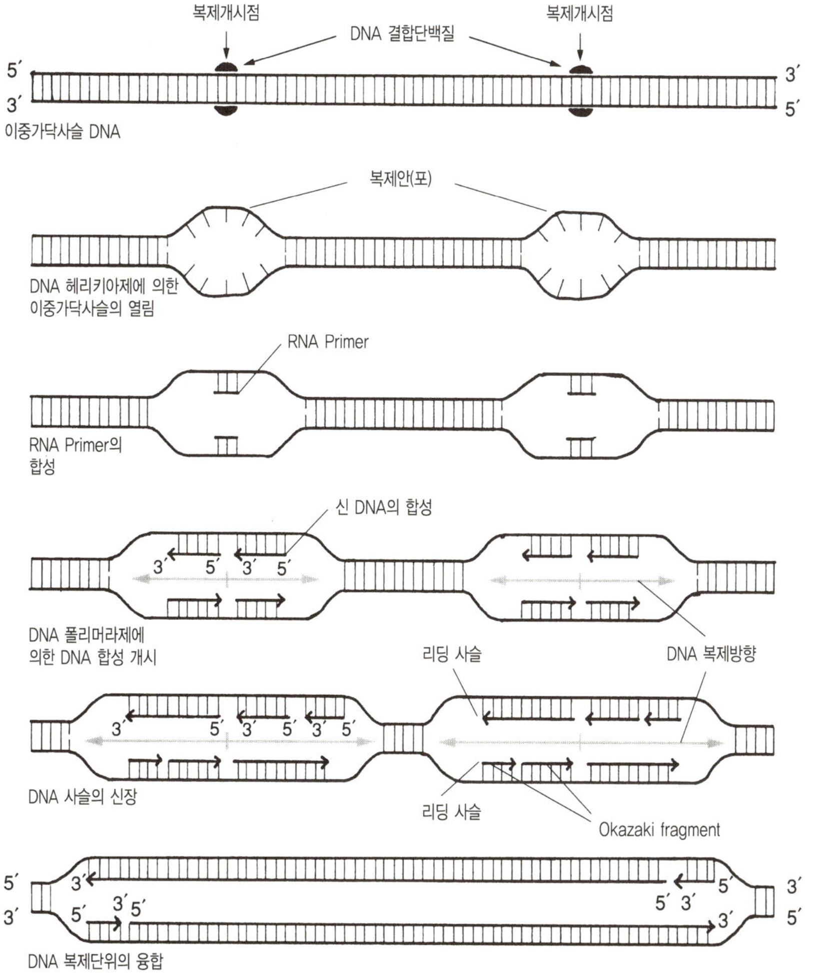

그림 7.10 인접하는 2개의 DNA 복제단위에서의 DNA 복제 개념도
DNA 복제는 개시점을 중심으로 양방향으로 진행한다. DNA 합성은 5′→3′이다. 최하위 그림은 2개의 복제단위가 융합하여 DNA 사슬이 늘어난 것.

되는 것이 가능하지만, 상보적인 다른 한쪽 편의 DNA 사슬(**라깅사슬**이라 한다)에서는 같은 방법으로 합성되지 않는다. 풀린 라깅사슬의 풀린 부분만을 3′ 측에서 5′ 측에 합성하여 짧은 DNA 사슬을 만든다. 그 DNA 단편을 **오카자키플래그멘트**라 한다. 다음에 어느 정도의 DNA가 풀려 외가닥사슬이 되면, 그 부분을 마찬가지로 합성한다. 그렇게 하여 몇 개의 오카자키플래그멘트를 만든 후 그 사슬을 DNA 리가아제로 이어 합성시킨다(그림 7.11).

이렇게 해서 DNA는 복제되나, 여기서 대표적인 효소로서 DNA 헤리카아제, DNA 폴리머라아제, DNA 리가아제만을 언급하지만, DNA의 복제에는 이 외에 합성을 개시시키는 단백질이나 원만하게 합성을 진행시키거나 DNA의 합성을 세포분열 할 때마다 1회만을 제어하는 효소나 단백질 등 많은 복제인자가 관여하고 있다.

또한, 난할에서는 세포주기가 짧을 뿐만 아니라 S기도 꽤 짧다. 이것은 DNA 복제 방법이 다른 것이 아니고, 배에서는 복제안이 많이 생긴다. 즉 복제개시점이 많고 동시적으로 복제되는 것이 밝혀져 있다. DNA의 길이가 같다면 복제개시점이 많을수록 빨리 복제되는 것이지만, DNA 복제가 빠른 것은 난할기 뿐으로 발생이 진행되면 곧 느려진다. 이것은 난할기에 사용된 복제개시점이 발생의 진행과 함께 사용되지 않기 때문이라 생각되나, 이러한 제어의 방식은 알려져 있지 않다.

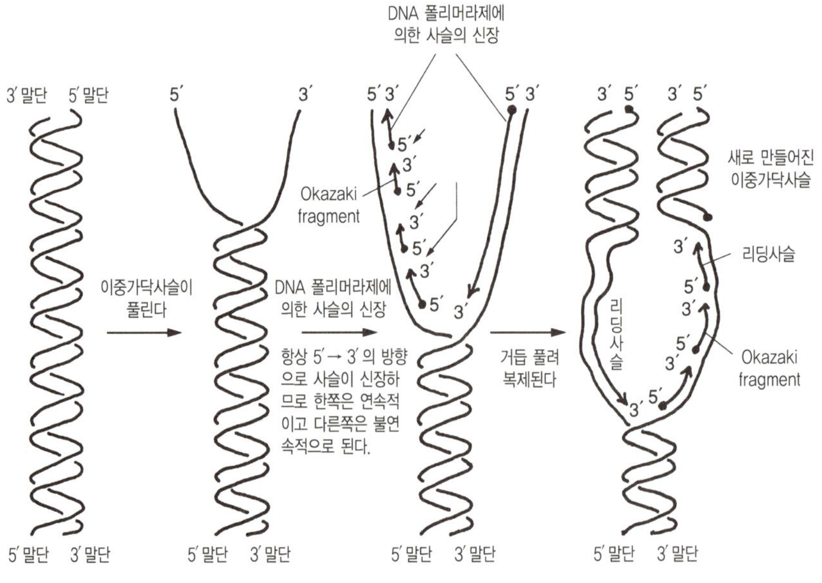

그림 7.11 DNA 폴리머라아제에 의한 DNA 사슬의 합성

7.7 세포주기의 제어

포유류나 양서류의 난형성에 있어서, 1차 난모세포는 감수분열의 제1분열의 전기에서 일시 정지하여 호르몬 등의 영향으로 재개되어, 제2분열의 중기에서 또 정지하고 그 상태로 배란된다고 설명하였다. 배란 후에 수정되면, 감수분열은 또 다시 시작되어 감수분열을 완료하고, 핵의 합핵 후(즉, 수정 후) 난의 세포분열이 시작되는데 이것이 난할이다. 이러한 세포주기는 어떻게 제어되고 있는 것인가? 이 방식에 깊이 관계하는 것이 **MPF**이다. MPF는 최초성숙촉진인자라 불리고 있는데, 연구의 급속한 진보에 의해 같은 약호로 **M기 촉진인자**라 불리게 되었다. MPF를 포함하고 있는 제2분열 중기의 난모세포의 세포질을 분열하지 않은 세포에 주입하면 염색체의 응축 등이 시작하여 세포분열의 중기까지 진행하여 거기서 멈추는 것이다. MPF는 세포분열을 중기까지 진행시키는 성질이 있다(그림 7.12).

MPF는 양서류와 효모를 사용하여 연구가 진행되어, 그 실체가 밝혀졌다. MPF는 2개의 단백질의 복합체로 그 한 개는 *cdc*라 불리는 유전자의 산물로 세린과 트레오닌을 인산화하는 단백질 키나아제이며, 세포질에 보통 일정량을 지니고 Cdk(사이클린 의존성 단백질키나아제) 또는 Cdc 2(효모)라 표기되어 있다. 또 한 가지는 **사이클린**으로 불리는 단백질로 보조인자로서 작용하며, Cdk(Cdc 2)와 복

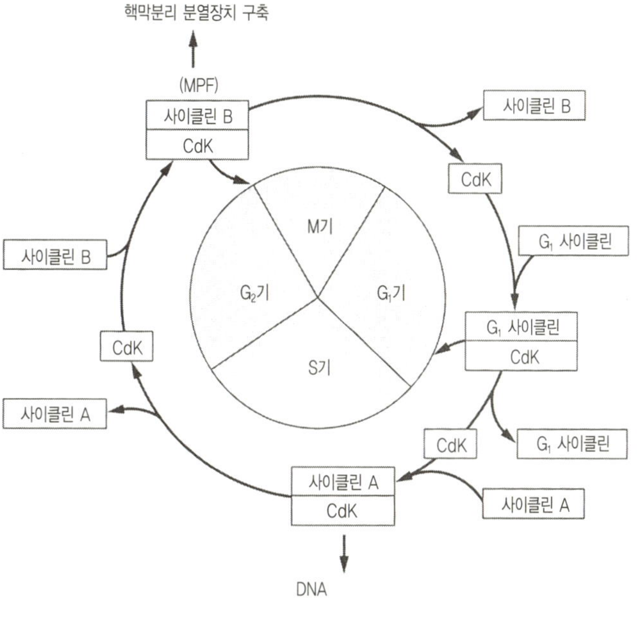

그림 7.12 MPF(M기 촉진인자)에 의한 세포주기의 제어

합체를 만들어 MPF로서 기능한다. 사이클린에는 몇 개의 타입이 있어, 세포주기에 따라 양적인 변동이 있으므로 이 이름이 붙여졌다.

사이클린 B는 세포주기의 간기의 시작에는 없으나 서서히 합성되어 늘어나고, 일정량 이상이 되면 Cdk와 결합하여 Cdk를 인산화하여 활성화하고 MPF로서 기능하게 된다. 즉 히스톤 등 여러 가지 단백질을 인산화되도록 하며, 염색체의 응축이나 핵막의 소실, 미소관계의 구축 등을 일으켜 세포주기를 M기로 한다. 즉 핵분열이 일어난다. M기가 끝나면 사이클린 B는 곧 분해되어 MPF의 기능은 사라진다. M기가 끝나고 G_1기에 들어가면 G_1 사이클린(사이클린 E)이 합성되어 Cdk와 결합하여 그 인산화작용에 의해 세포주기를 S기로 진행시킨다. S기에 들어가면 G_1 사이클린은 분해되고 사이클린 A가 합성되어 Cdk와 결합하고, DNA 복제 개시인자를 활성화하여 DNA 복제가 시작된다.

이와 같이, Cdk(Cdc 2)는 보통 일정하지만 사이클린이 합성 또는 분해되거나 하여 주기적으로 변동하며, 일정량 이상이 되면 Cdk와 결합하여 활성화되어 세포분열이나 DNA 복제를 진행시켜서 세포주기를 움직인다고 생각된다. 난형성 부분에 설명했던 **CSF**(분열정지인자)는 그 후의 연구로 *c-mos*로 불리는 암원(癌原)유전자의 산물로 MAP 키나아제라 하는 단백질을 인산화하는 효소인 것이 알려졌다. MAP 키나아제는 사이클린 B에 작용하여 Cdc 2 키나아제의 활성을 유지하여 분열 중기에 세포주기를 멈춘다(분열 중기를 유지한다). 그러나 수정에 의해 사이클린 B가 분해됨에 따라 정상적인 세포주기로 돌아온다.

7.8 난할기의 단백질 합성

성게나 개구리의 수정란에 RNA의 합성저해제인 액티노마이신 D를 가해도 난할은 정상적으로 진행하여 포배가 형성되나, 발생은 포배에서 멈춰 원장형성은 일어나지 않는다(그림 7.13). 그러나 단백질의 합성저해제(예를 들면, 퓨로마이신)을 가하면 난할도 멈춰버린다. 이것은 난할에서는 RNA 합성은 필요하지 않지만 단백질 합성은 필요하다는 것을 나타낸다. 포배 이후의 발생에서는 RNA 합성도 단

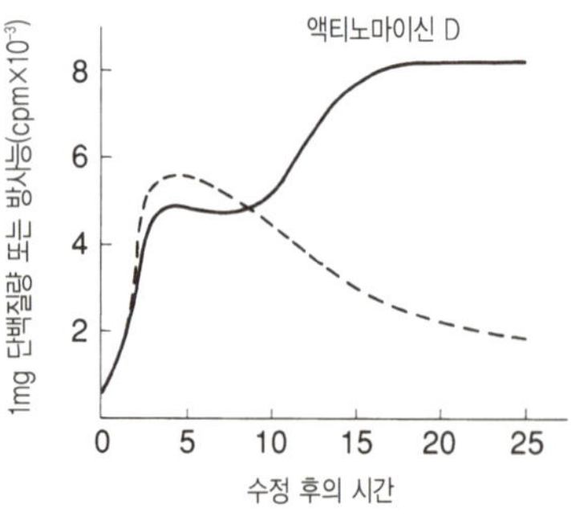

그림 7.13 성게 알 수정 후의 단백질 합성

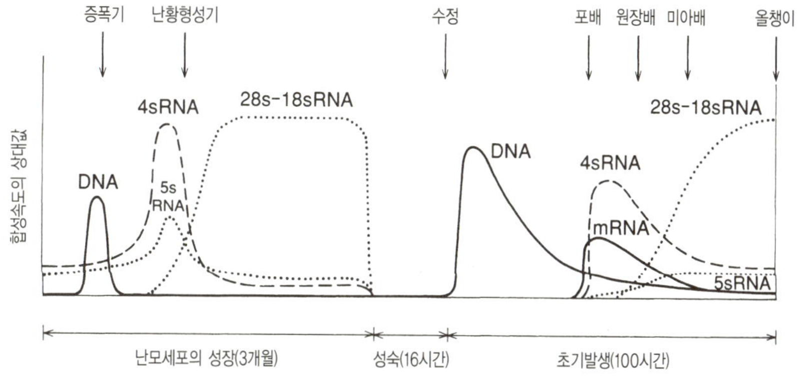

그림 7.14 아프리카발톱개구리의 알 및 초기 배에 있어서의 핵산 합성

백질합성도 필요한 것을 알 수 있다. 난할기에서는, 난형성의 시기에 전사되어 난내에 쌓여 있던 mRNA를 사용하여 세포분열에 필요한 단백질을 합성한다. 이러한 mRNA를 모계 mRNA라 한다. 수정란에는 세포분열에 필요한 액틴이나 튜불린 같은 단백질이 쌓여 있는 것뿐만 아니라 그들의 mRNA나 rRNA나 tRNA도 모계 RNA로서 쌓여 있어서, 이들을 사용하여 번역해서 단백질이 합성된다. 포배 이후의 발생에서는 새로운 단백질이 필요하여, 수정에 의해 들어간 정자 유래의 유전자도 사용되어, 새롭게 RNA를 합성하고, 이들을 사용하여 단백질이 합성된다(그림 7.14). 따라서 포배 이후에서는 RNA 합성저해제라도 단백질 합성저해제라도 발생은 멈춰버린다.

그러면 난형성의 시기에 쌓인 불활성화된 mRNA는 수정 후 어떻게 활성화되는 것일까? 몇 개의 활성화의 방법이 보고되어 있으나 단정적으로 방법이 확정되어 있는 것은 아니다. 그러나 mRNA의 타입도 다르므로 어느 것이 주이며, 어느 것이 다르다고 말할 수는 없고, 여러 가지 타입의 활성화가 있다고 생각하는 편이 좋을 것이다.

대표적인 예로써, mRNA에 단백질이 결합하고 복합체를 형성하여 리보솜이 결합되지 않는 경우가 있다. mRNA가 단백질에 마스크되어 복합체를 형성하고 있는 것을 인폴모솜이나 RNP 과립이라 부르고 있다. 이러한 mRNA는 수정 후 단백질이 어긋나서 단백질 합성이 이루어진다. 그 원인으로 이온농도의 변화(수정시의 Na유입), 인산화, pH 상승 등이 있다. 이것은 실험조건하에서도 증명되어 있다. 개량 조개류에서는 난모세포에 사이클린 A 등의 mRNA가 불활성한 상태이며 수정으로 활성화되어 번역이 시작된다. 불활성인 mRNA는 실험적으로 짙은 염(鹽)

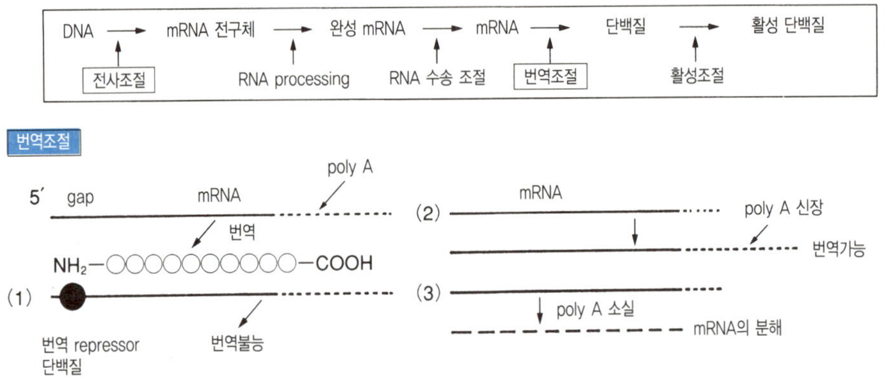

그림 7.15 **진핵세포의 번역조절**

농도로 하면 활성화되나, 수정으로 82kDa의 단백질이 인산화되어 mRNA에서부터 떨어져, mRNA는 단백질을 합성할 수 있도록 되는 것이 알려져 있다. 아프리카발톱개구리도, 난모세포에 있는 성장인자의 수용체의 mRNA가 프로게스테론과 같은 호르몬의 자극으로 43kDa의 단백질을 유리하여 리보솜과 결합할 수 있도록 되는 것이 알려져 있다.

또 많은 mRNA는 긴 **폴리 A 사슬**(아데닐산의 연속된 배열)이 결합한 상태로 단백질합성을 행한다. 이러한 mRNA는 핵 속에서 전사 합성되지만 핵에서 세포질로 나올 때 폴리 A 사슬이 잘려 불활성으로 되는 것과 세포질 속에서 폴리 A 사슬이 잘려 불활성화되고, 폴리 A 사슬의 신장으로 활성화되는 것이 알려져 있다. 이 대표적인 예가 사이클린의 mRNA이다. 아프리카발톱개구리의 사이클린 mRNA는 프로게스테론의 자극으로 폴리 A 사슬이 신장하고 번역할 수 있게 된다. 그러나 왜 폴리 A 사슬이 길면 번역이 가능하고 짧으면 번역이 불가능한가는 알려지지 않았다(그림 7.15).

포배의 중기가 되면 갑자기 RNA 합성이 왕성해지고 새로운 단백질이 합성된다. 이것은 전사 단계에서 조절되지만 이것에는 기본 전사인자나 여러 가지 전사조절인자나 그들을 만드는 유전자, 게다가 그것을 조절하는 인자 등이 관련되어 있다. 이 과정은 기본적으로 세포에 공통의 전사조절의 기구와 마찬가지라고 생각된다(그림 7.16).

이리하여 단백질이 합성되면, 세포막 표면의 수용체단백질이나 세포접착인자 등도 늘어나서, 세포는 환경에 대응하여 형태형성운동을 할 수 있게 된다. 인접하는 세포 간의 차이는 한 개의 세포환경으로써 인식된 세포 간 상호작용으로서 중요하나, 초기 배의 세포 환경으로서 큰 요인이라 생각되는 것에 **포배강**이 있다. 포배강

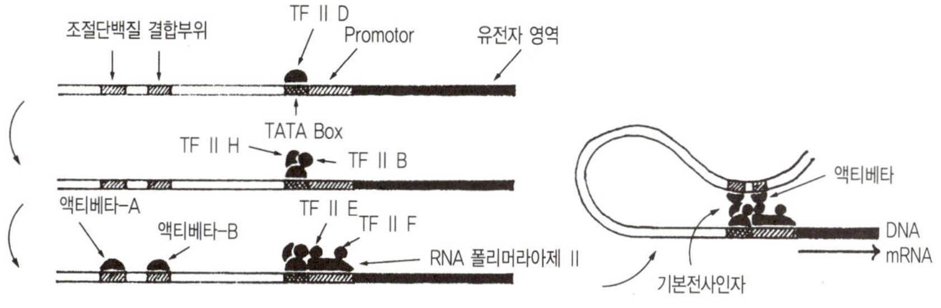

그림 7.16 **진핵세포의 전사조절**

은 처음 세포분열 시의 세포와 세포 사이의 간극으로서 만들어진 것이 난할을 진행시킴과 동시에 크게 되어 세포가 둘러싸인 내강이 된 것도 있다. 포배강에는 세포로 합성된 여러 가지의 물질이 분비되어 쌓여 있다. 포배의 세포는 각각 포배강의 물질에 영향을 받아 분화하여(성게의 골편형성), 안에는 분리되어 이동하는 세포(1차 간충직세포)나 함입하는 세포도 만들어진다.

읽을거리 7. 나선 난할

난할의 특이한 예로 나선난할이 있다. 환형동물과 연체동물(두족류를 제외함) 등의 알에서는 분열장치가 동식물극축에 대해 기울어져 위치해 있다. 그 때문에 난할은 이전의 난할면에 대해 좌우교호로 직각으로 일어나지만 결과로서 비틀리게 된다. 이 비틀림을 명확하게 볼 수 있는 것은 제3난할기 이후부터이다(그림 7.4 참조). 권패류에서는 이 난할의 방향과 패각의 비틀림이 일치한다. 따라서 권패류에는 오른쪽으로 비틀린 것과 왼쪽으로 비틀린 것이 있다.

남방쨈물고둥은 대부분은 오른쪽으로 비틀린 것이나 드물게 왼쪽으로 비틀린 돌연변이체가 있다. 이것을 사용해 유전형질이 조사되었다. 유전적으로는 오른쪽으로 비틀린 것이 우성이나 그 비틀린 쪽은 어미, 즉 알의 형질에 강하게 영향을 미친다. 그것은 말린 방향을 결정하는(오른쪽으로 비틀린다) 1쌍의 유전자가 있어 이것이 오른쪽으로 비틀리는 인자를 세포질에 방출하고 이 인자가 비틀린 쪽의 방향을 결정한다. 따라서 우성인 오른쪽으로 비틀리는 유전자를 가진 알이 수정하면 자란 껍질은 모두 오른쪽으로 비틀리게 되고, 오른쪽으로 비틀리는 유전자를 가지고 있어도 그것이 정자라면 세포질이 없으므로 오른쪽으로 비틀리지 않게 된다. 그러나 알이 오른쪽으로 비틀리는 유전자를 가지고 있다면 오른쪽으로 비틀리게 되므로 껍질이 왼쪽으로 비틀리게 되는 경우는 알이 오른쪽으로 비틀리는 인자를 가질 수 없는(어미가 오른쪽으로 비틀리는 유전자를 가질 수 없다) 경우에 한해, 정자(아비)가 오른쪽으로 비틀리는 유전자를 가지고 있는지의 여부와는 관계없이 그 수정란은 왼쪽으로 비틀리는 껍질로 된다.

그 관계는 다음의 실험결과에 보여진다(오른쪽으로 비틀리는 유전자를 D로 표시한다).

부모 : 오른쪽으로 비틀린 암컷(알, DD) x 왼쪽으로 비틀린 수컷(정자, dd)
→ 자식은 모두 우권(Dd)
왼쪽으로 비틀린 암컷(알, dd) x 오른쪽으로 비틀린 수컷(정자, DD)
→ 자식은 모두 좌권(Dd)

자식 : 오른쪽으로 비틀린 암컷(알, Dd) x 왼쪽으로 비틀린 수컷(정자, Dd)
→ 자식은 어떤 경우라도 모두 우권(DD+ 2Dd+dd)
왼쪽으로 비틀린 암컷(알, Dd) x 오른쪽으로 비틀린 수컷(정자, Dd)
→ 자식은 어떤 경우라도 모두 우권(DD+ 2Dd+dd)

제 8 장

원장배형성

난할이 진행되어 세포(할구)가 작아져 세포 수가 늘면, 배(胚)의 세포는 모양을 만들기 위하여 이동을 개시한다. 이것을 **형태형성**(形態形成)**운동**이라 한다. 이 형태형성운동은 생물의 종 고유의 모양을 만들기 위한 것이므로, 각각의 생물 종에 따라 운동의 모습은 다르지만 종에 공통적으로 운동을 위한 단백질합성과 운동의 방향을 지시하는 환경조성이 필요하다. 난할에 의한 구획화에 따라 세포는 각각 달라진 세포질을 포함하여 달라진 성질을 가지고 있으므로 환경에 대응하는 운동도 다르며, 이 결과가 생물 종 고유의 형태로 나타난다. 원장형성은 눈에 보이는 형태로서 나타나는 최초의 형태형성운동이다.

8.1 원장형성

난할을 반복하여 포배가 되고 할구가 작아져 수가 늘면 세포가 이동을 시작하여 배는 내외 두 층의 세포층을 만든다. 외층을 **외배엽**, 내층을 **내배엽**(또는 1차 내배엽)이라 한다. 이리하여, 먼저 두 개의 배엽이 구별되게 되나 내배엽의 대부분은 몸의 최내부의 위나 장 등의 소화관의 기본이 되므로 그 과정은 **원장형성**이라 불리며, 이 시기에 배를 **원장배**라 부른다.

원장형성의 양식은 동물의 종류에 따라 다르고 가지각색이지만 크게 구별하면, 내식(內殖) = 이입(移入), 엽열(葉裂), 함입(陷入), 피복(被覆)의 4가지로 나눌 수 있다. 그러나 많은 동물의 원장형성의 과정은 복잡하고, 이들의 양식의 몇 개가 어울려 일어난다(그림 8.1).

내 식 : 포배의 식물극 부근의 세포의 일부가 인접하는 세포에서 떨어져 포배강의 안에 떨어져 들어와 층상으로 배열되어 내배엽을 형성하는 양식으로, 일부의 강장동물이나 절족동물의 내배엽 형성에서 보여진다. 성게류의 간충직세포(중배엽)의 이입도 이 양식에 의한 것이다. 내식은 한 군데에서 일어나는 경우와 몇 군데에서 일어나는 경우가 있고, 각각 단극(單極)내식, 다극(多極)내식이라 한다.

엽 열 : 포배의 세포가 내외의 방향에 전면적으로 분열하여 2층의 세포층을 형성하는 양식으로 역시 강장동물의 원장형성에서 보여지는 양식이다. 원장형성에서는 아니지만, 조류 내배엽의 분리나 양서류의 측판(중배엽)의 분리 등에서 엽열에 의한 세포층의 형성이 보여진다.

함 입 : 포배의 식물극 측의 세포군이 포배강 내에 접혀 들어가 2층의 세포층을 형성하는 양식으로, 단순하게 말하면 움푹 들어가는 현상이다. 극피동물이나 원색동물과 같은 포배강이 큰 동물에서 보통 볼 수 있는 원장형성의 양식이다. 양서류

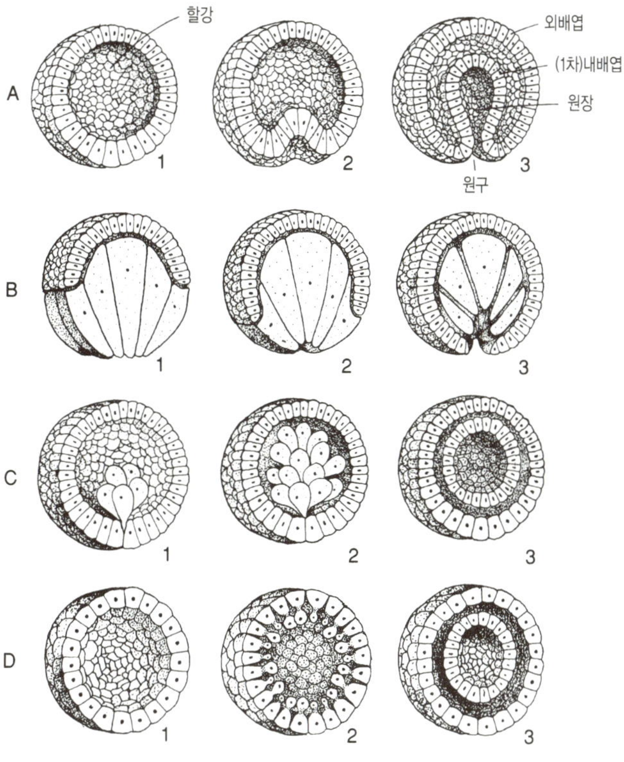

그림 8.1 **원장배 형성의 양식**
A: 함입, B: 피복, C: 내식, D: 엽열

의 배와 같이 비교적 난황이 많고 포배강이 작은 배라도 최초의 원장형성의 기점은 함입으로 시작되는 경우가 많다. 보통 함입된 관상(管狀)의 세포군을 **원장**(原腸)이라 하고, 함입부를 **원구**(原口)라 한다.

피 복 : 난황이 많고, 포배강이 작거나 또는 아예 없는 배(中實胚)에서 볼 수 있는 양식으로, 동물반구의 세포군의 이동 시에 함입되지 않고 식물반구의 세포군을 덮어씌우는 것처럼 퍼지고 싸여 2층을 형성한다. 이 때 덮어씌우는 것처럼 이동하는 세포군은 하강운동을 하므로, 이 결과 배를 덮는 외층(외배엽)은 식물극 측에서는 작은 개구(원구)가 되고, 내부는 원장을 만든다.

8.1.1 성게 배의 원장형성

성게 배는 포배가 되면 배의 표면에 섬모를 만들어 부화하여 유영포배로 된다. 드디어 동물극측의 섬모가 늘어나며(頂毛), 식물극측의 세포가 다소 두껍게 되고 (내배엽판, 식물극판), 동식물극성이 명확히 된다. 할구를 염색하여 난할에 의하여

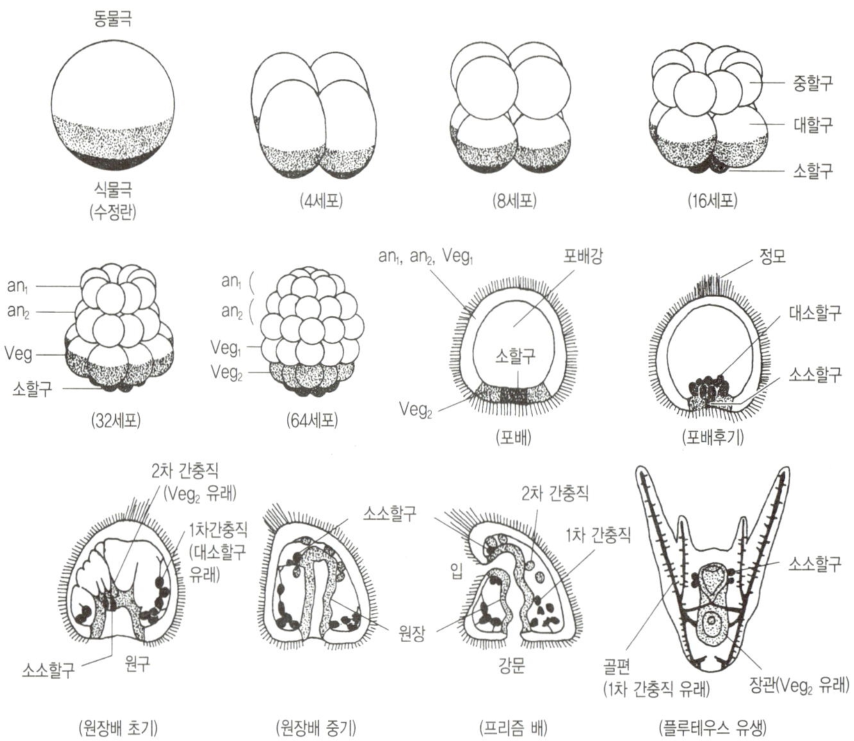

그림 8.2 성게 배 할구의 분화
veg_2와 소할구의 분화를 회색과 흑색으로 구별하였다.

각 세포의 발생운명을 추적하면 그림 8.2와 같고, 함입개시에서부터 원장이 배의 천정까지 늘어나는 시기의 배를 **원장배**(原腸胚)라 한다. 함입부가 원구로 후에 항문이 되고, 함입된 원장은 두 곳에서 잘록해져 식도, 위, 장으로 분화하는 내배엽이다. 1차 간충직세포는 골편을 형성하고, 2차 간충직세포는 유리하여 근육이나 색소세포가 되는 중배엽이 된다. 이입도 함입도 하지 않은 세포는 표피가 되는 외배엽이다.

성게 배의 함입의 방식 : 성게 배의 함입은 자동적인 1차 함입과 수동적인 2차 함입이 있다고 생각된다. 최초의 1/3는 자동적인 함입으로, 남은 2/3은 수동적이라 생각된다.

1차 함입은 식물극측의 대할구 유래의 세포(내배엽판)가 움푹 들어가는 것이나, 함입 시에는 이들의 세포의 외측, 즉 투명층 쪽의 부분에 데스모솜이라 불리는 세포간 결합이 되어 있으며 인접하는 세포와 결합하고 있다. 이러한 상태의 세포가 다른 부분에서 세포 간의 친화성이 약해지고, 주상의 세포가 둥근 띠를 이루면 그 부분은 움푹 들어가 버린다. 게다가, 그 부분의 세포는 당이 많은 당단백질을 투명

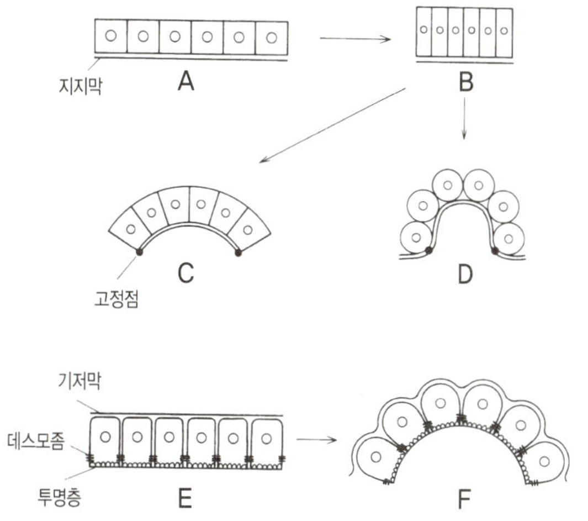

그림 8.3 **세포의 형태변화와 함입**

A~D는 구스타프손과 월바트(1963)의 가설. A의 세포에서 세포 사이의 접착력이 증가하고 지지막과의 접착이 약해지면 B가 되고, 더구나 B 세포의 한쪽이 고정되어 세포 간의 접착이 약해지면 C로, 세포가 구형으로 변하면 D처럼 함입이 일어난다. 성게에서는 고정점으로서 데스모솜이 있으므로 세포의 형태형성에 의해 E에서 F로 변하여 함입이 일어난다.

층측에 분비하는 것이 알려져, 이로 인해 투명층은 물을 빨아들여 부풀어 일련의 세포를 들어올리게 된다(그림 8.3). 이 같은 몇 개의 요인에 의해 세포는 변형하여 포배강으로 들어올리는 힘도 더해져 전체로써 내측으로 함입하는 결과를 초래한다고 생각된다.

이에 이어서 2차 함입은 조금 양상이 다르다. 전에는 수동적 함입 또는 원장의 신장이라 생각되어져 왔으나 그것만은 아닌 듯하다. 1차 함입으로 함입된 원장의 선단에서 2차 간충직세포가 돌출하여 **위족**을 늘인다. 이 위족은 늘어나 포배강의 천정(외배엽)에 도달하면 수축하고 원장을 들어올린다. 이 수동적인 원장의 신장은 동물극측의 세포(외배엽)의 증식에 의한 들어올림과 내배엽판의 자동적인 접혀 들어가는 운동에 의해 도움을 받는다. 2차 간충직세포의 위족을 기계적으로 절단하거나 Ca 부족의 조건에서 위족의 신장을 방해하면 2차 함입은 일어나지 않는다.

이러한 원장형성은 세포분열의 저해제를 가해도 진행하며, 원장형성까지 세포분열이 진행하면, 원장형성 시에는 세포증식을 필요로 하지 않는 것이 밝혀졌다. 사실, 원장을 구성하는 세포의 수를 세어보면 원장형성 중에는 원장의 세포

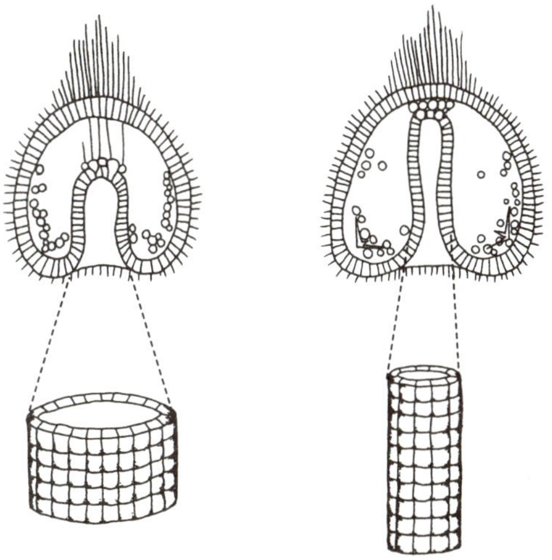

그림 8.4 **성게 배 원장의 세포 재배치에 의한 신장**

수는 변화하지 않는다. 원장은 처음에는 두꺼운 관이지만 이것이 서서히 가늘어짐에 따라 늘어나는 것이다(그림 8.4). 이를 위해서는 원장형성에서는 세포의 재배치가 중요한 의미를 가진다.

8.1.2 양서류의 원장형성

양서류의 배는 함입과 피복이 동시에 일어난다. 배의 배측(등쪽)의 다소 식물극쪽 부분에 검은 색소의 집합이 보이며, 거기서 함입이 시작되어 세포군이 배 내로 이동하여 동물극을 향하여 침입한다. 표층의 세포는 하강해 와서 함입부에서 내부로 구부러져 거기에 원구가 형성되지만 함입보다도 하강운동 쪽이 현저하므로 하강한 세포는 함입과 동시에 식물극측의 세포를 둘러싸듯이(피복) 하강하여 원구는 점점 동물극 쪽에 내려가 작아져 간다.

홀트후레타(1944)는 원구배순부의 세포를 잘라내어 내배엽 위에 놓고 배양하면, 원구배순부의 세포가 내배엽의 안에 들어가 버리는 것만이 아니라 그 부분의 인접하는 세포를 말아넣어 함입하는 것을 관찰하여 함입은 자율적으로 일어나는 것이라 생각했다. 사실 함입부의 세포는 형태를 바꾸어 특징적인 플라스크형으로 되어 플라스크세포 혹은 병(甁)세포라 불리고 있다. 이 세포의 변형이 함입의 계기가 되는 듯하다(그림 8.5). 그러나 이후의 함입은 플라스크세포를 제거하여도 진행하므로 별도의 방식에 의한다. 그것에는 세포외기질(ECM)을 인식하는 이동과 세포의 재배치에 의한 신장이 작용하고 있다.

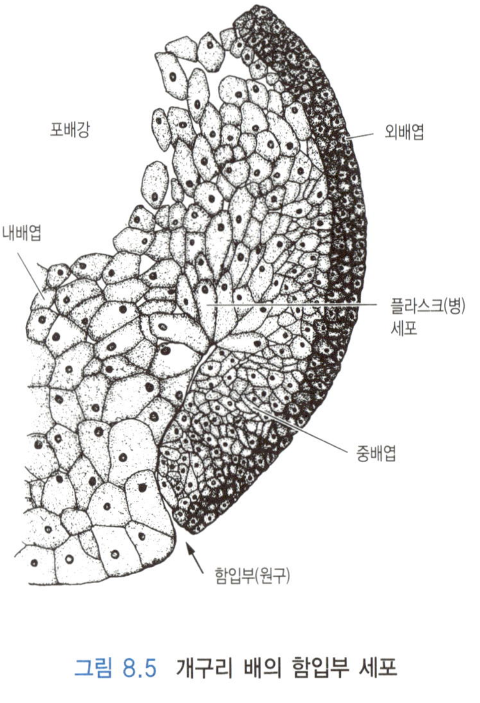

그림 8.5 **개구리 배의 함입부 세포**

세포가 함입하는 부분의 틈에는 피브로넥틴이나 라미닌 등의 세포 접착에 관여하는 단백질을 포함한 세포외기질이 분비되어 외배엽의 내층의 표면을 덮고 있다. 이것을 발판으로 하여 함입한 세포는 이동하여 배 내를 동물극 방향으로 향한다. 피브로넥틴 등의 항체를 가하여 세포 접착의 작용을

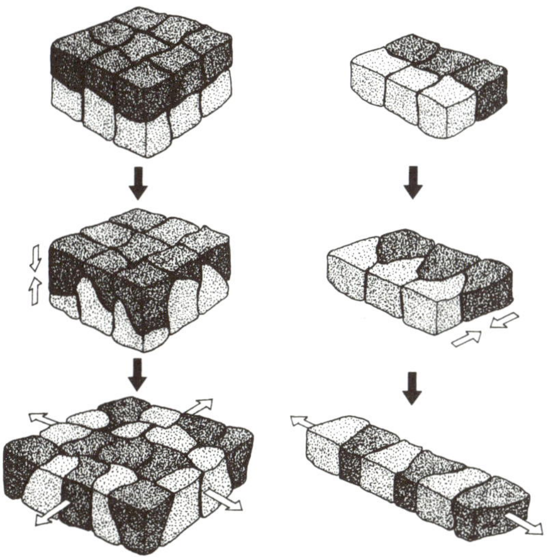

그림 8.6 **원장형성, 신경관형성에 있어서의 세포 재배치 (집중적 신장)**

저해하면 함입은 멈춘다. 또한 세포의 행동을 알아보면, 기둥 모양의 세포가 편평화하는 것에 의하여 넓혀지거나(신전), 세포의 재배치가 일어나 세포가 세포의 사이에 들어가서, 두 층의 세포가 한 층이 되거나 옆으로 넓어진 세포가 세로로 배열하여 교체되거나 하여 세포군이 늘어간다(**집중적 신장**). 이러한 세포군의 위치의 재배치가 여러 형태형성을 위하여 기능하고 있는 것이 관찰되고 있다(그림 8.6). 앞에서 설명한 플라스크세포의 형성 등의 세포의 형태 변화는 마이크로필라멘트(미소섬유)나 미소관 등의 세포골격의 배열의 변화에 의한 것이 알려져 있다.

8.1.3 조류의 원장형성

조류의 원장(내배엽)형성은 복잡하며 비교적 느리다. 내배엽의 형성은 배의 방향성(극성)이 정해진 후로 중배엽의 분화와 거의 동시에 일어난다.

단황란인 조류의 배에서는 동물극측의 배반에 난할이 일어나는 것은 이미 설명했지만 난할에 의해 배반은 단층에서 다층의 세포층이 되며, 세포 수가 100개 정도가 될 무렵 세포층과 난황의 사이에 틈이 생긴다. 이 세포층을 **배반엽**(胚盤葉)이라 한다. 그 아래의 틈을 **배반하강**(胚盤下腔)이라 한다(그림 8.7). 난할이 진행하는 것에 이어 배반엽이 크게(넓게) 되며, 특히 주변부는 원주상으로 세포 수가 많아져, **주변대**(周邊帶=**대역**, 帶域)라 불리며 배반하강도 넓어진다. 이윽고 배반엽에서 세포의 이입이나 염열이 일어나 배반하강에 움푹 들어감과 동시에 뒷부분 주변대에서 세포군이 늘어나 넓어져 함께 되어 한 개의 세포층을 형성한다. 이 사이에 강소가 포배강이다. 이 시기에는 배반엽을 **배반엽 상층**(胚盤葉 上層)이라 부르고, 그 아래에 포배강, 다음의 세포층을 **배반엽 하층**, 그 아래의 난황과의 사이를 배반하강이라 부르고 있다. 이것이 포배기에 해당하는 배의 구성이다. 외관에서 보면, 중앙의 강소에 해당하는 부분이 밝게 보여 **명역**(明域)이라 부르고, 주변대의 부분은

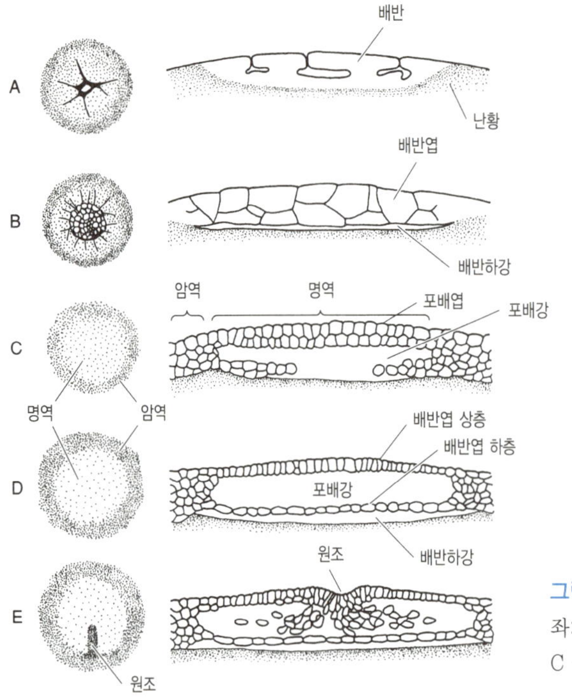

그림 8.7 조류의 배반 변화
좌: 상면도, 우: 단면도, A · B: 난할기, C · D: 포배기, E: 원조기

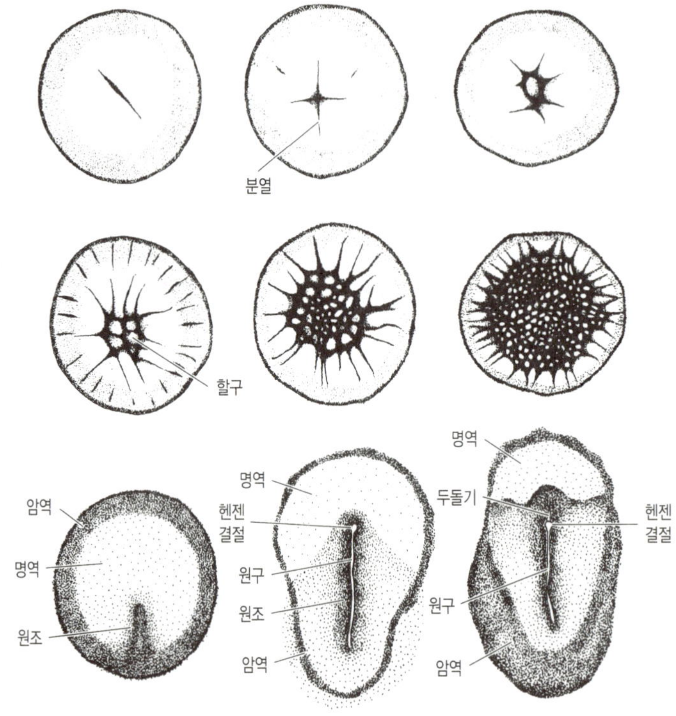

그림 8.8 닭의 초기 발생

어둡게 보이므로 **암역**(暗域)이라 부르고 있다. 장래 배의 몸이 되는 것은 명역의 부분, 즉 배반엽 상층이다. 닭 등에서는 이 시기에 산란되어 온도저하와 함께 발생은 정지된다.

부란(어미가 알을 데움, 또는 인공적으로 38~40℃로 데움)이 시작되면 다시 발생이 개시된다. 배반엽 상층의 증식과 이동에 의하여 후부 주변대에 세포가 모여 비후한 세포괴로 되어 점점 전방으로 늘어나는데 이것을 **원조**(原條)라 한다. 원조는 전후로 늘어나 가늘고 길게 되며, 특히 두부쪽 선단부는 현저한 세포괴를 만드는데 이를 **헨젠결절**이라 한다(그림 8.8). 원조가 최장에 달하면, 배반엽 상층의 측면 세포는 중앙에 접근하여 원조를 통해 내부에 들어가 포배강에 들어간다. 이 세포군은 내배엽과 중배엽이 된다. 배반엽 상층의 앞부분의 세포는 헨젤결절을 통해

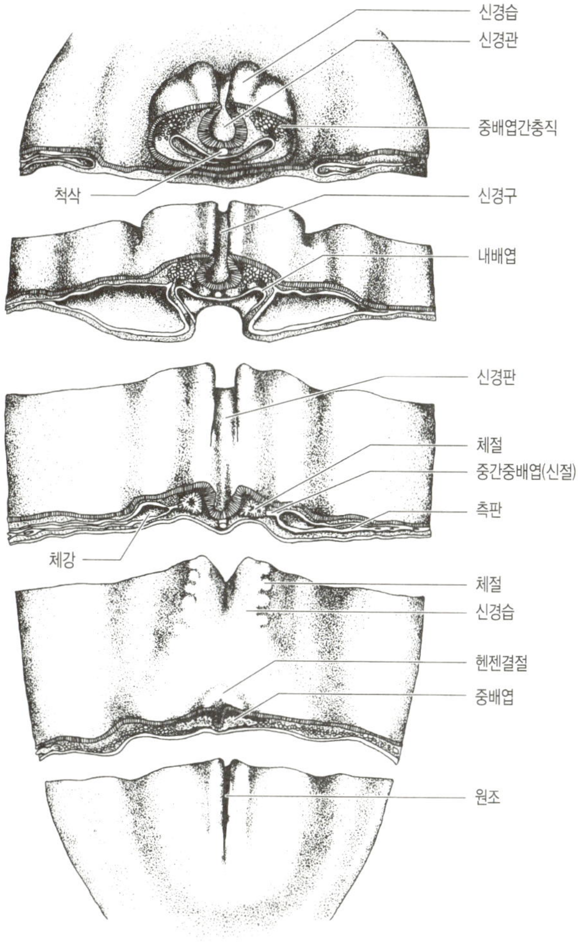

그림 8.9 **닭의 배 중배엽, 내배엽의 형성.** 상부, 즉 두부쪽일수록 발생이 빨리 진행된다.

아래로 이동하여 배반엽 상층의 하측을 앞쪽(두부쪽)으로 늘린다. 이 세포군은 **척색돌기**(두돌기)라 부르며, 전장(내배엽), 두부중배엽, 척색(중배엽)이 된다(그림 8.9).

포배강에 들어간 세포 중 일부는 배반엽 하층의 세포를 밀어내서 전방으로 퍼져 배반엽 하층 대신 내배엽이 된다. 내배엽세포에 밀린 배반엽 하층의 세포는 주변부로 밀려 배벽이 되고 난황과의 연락의 역할을 한다. 배반엽 하층의 앞부분에는 시

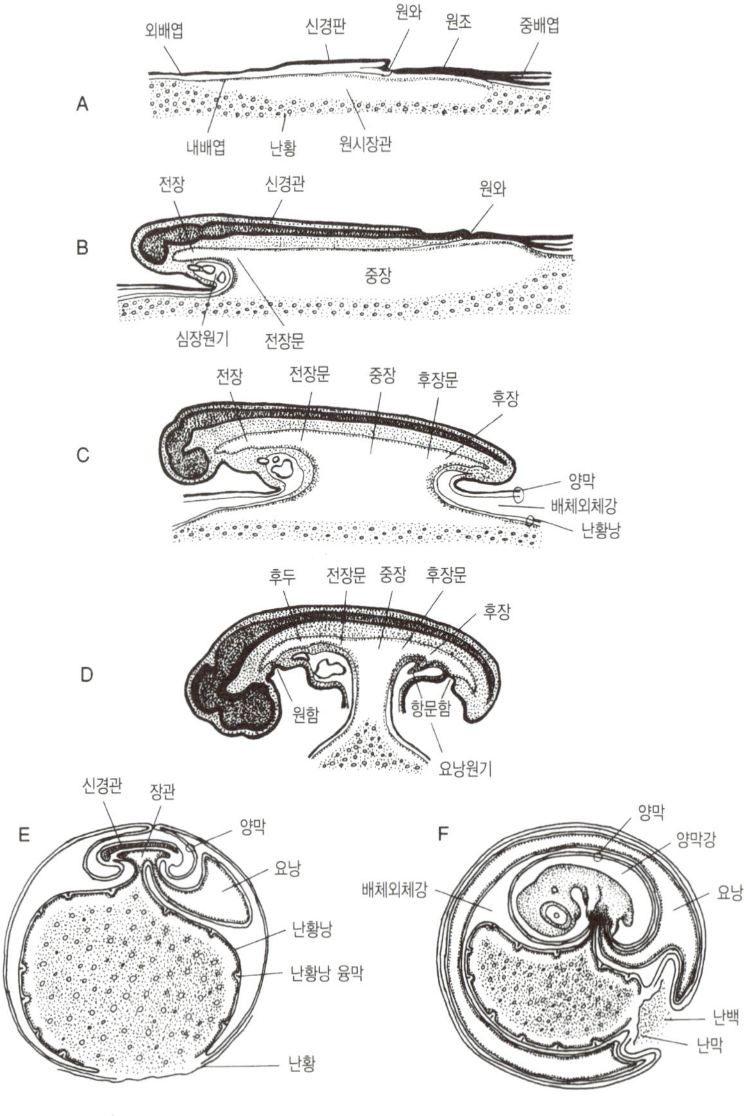

그림 8.10 조류의 장관형성
A: 부란 1일 배, B: 2일 배, C: 3일 배, D: 4일 배, E: 5일 배, F: 9일 배

원생식세포가 포함되어 내배엽의 진전 후, 두부 배벽에 **생식삼일월환**(生殖三日月環)을 형성한다. 포배강에 들어가 남은 세포는 포배강을 채우고 전후로 퍼져 중배엽이 된다. 내부에 이동한 남은 배반엽 상층의 세포가 외배엽이 된다.

결국 배체가 안쪽으로 구부러져 내측의 내배엽이 난황과의 사이에 장관을 형성하므로, 지금까지 설명해 온 경과가 조류의 원장형성과정이라 할 수 있다(그림 8.10).

8.2 배엽형성

단세포의 원생동물은 물론, 중생동물이나 해면동물에서도 특히 배엽의 구별이나 분화는 일어나지 않는다. 강장동물보다도 고등한 동물이 되면 명확한 세포층의 구별이 보여지게 된다. 강장동물에서는 원장배에서, 또한 성체가 되어도 두 층의 구별밖에 되지 않아서 외측을 외배엽이라 하고, 내측을 내배엽이라 한다(이배엽성). 이때 중배엽은 생기지 않는다. 편형동물 이상의 고등한 동물은 3개의 **배엽**이 생기며, 외배엽과 내배엽 사이의 세포층을 중배엽이라 한다. 이들의 세포층은 각각 특정한 기관원기를 형성한다. 외배엽에서는 표피, 신경계, 감각기관 등이, 중배엽에서는 근육, 배설기관, 생식기관, 결합조직 등이, 내배엽에서는 소화관과 폐 등의 부속기관이나 부속선 등이 생긴다. 강장동물은 영속적인 중배엽성의 조직, 기관은 없다. 반대로 특정의 세포층이 장래 무엇이 될 것인지에 따라 어떤 배엽에서 유래하는가를 생각할 수 있다. 그러나 이 배엽의 구별은 절대적이지 않으며, 유도 등으로 인하여 전환되는 경우도 있다. 또한 많은 기관은 단독의 배엽에서 생기는 것이 아닌 3개의 배엽의 합작이다. 몸의 표면은 외배엽의 표피이며, 소화관의 내표면은 내배엽의 상피이지만, 그들은 중배엽성의 진피나 근육으로 모양이 만들어져 외배엽성의 신경이나 중배엽성의 혈관이 분포하여 기능을 하고 있다.

이러한 배엽은 어떻게 하여 만들어지는 것일까? 무척추동물의 대표로서, 성게에 대해서는 원장형성부분에서 설명하였다. 척추동물에 대해서는 기본적으로 같은 과정으로 형성되므로 그 개략을 설명하였지만, 그 방식이나 시간적 경과 등에 대해서는 유도나 신경배형성과도 깊은 관련이 있으므로 다시 설명한다.

양서류에 대해서는, 원장함입에 의하여 외배엽과 내배엽의 구별이 명확히 된다고 설명하였고, 조류에 대해서는 중배엽과 내배엽의 세포군이 함께 배반엽 상층에서 포배강으로 움푹 들어간다고 설명하였으나, 사실은 양자 모두 기본적으로는 같다. 즉, 양서류의 배의 함입에 의하여 형성된 원장은 내배엽과 중배엽의 양쪽을 포

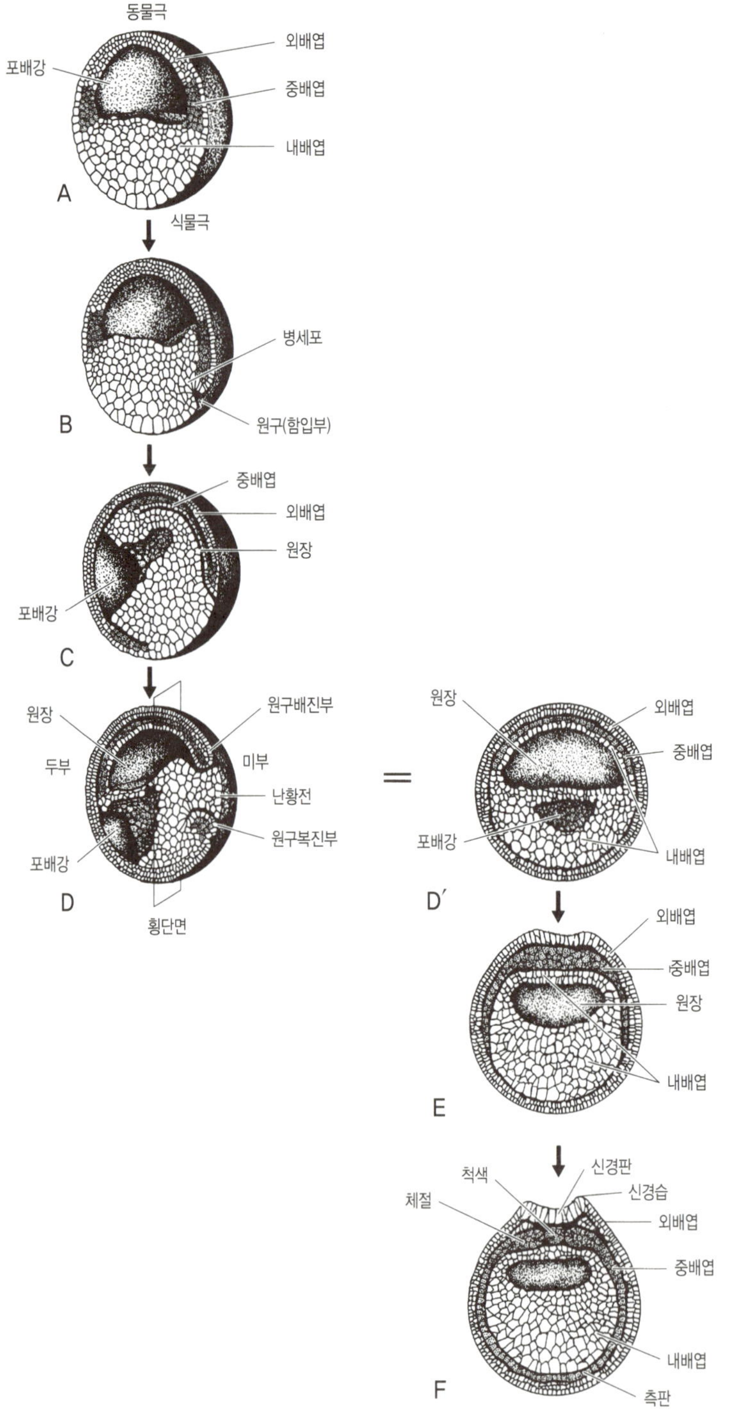

그림 8.11 양서류의 배엽형성
A, B, C, D는 종단면, D′, E, F는 두미축에 대해 횡단면

함하고 있다(그림 8.11).

양서류의 배에서는 동물극쪽에 포배강이 있으나 그 동물극측의 세포층도 단층은 아니며 여러 층이다. 이 동물극측의 세포군이 증식해 변형하여 이동(신장과 하강)하고, 식물극 쪽의 배측(등쪽)의 부분(원구)에 구부러져 내부로 함입한다. 개구리에서는 함입한 세포군의 배측의 대부분이 중배엽이며, 원장을 둘러싸는 얇은 층이 내배엽이다. 중앙의 난황을 포함하는 세포군은 전부 내배엽이다. 따라서 이 횡단면과 종단면을 모식적으로 그리면 그림 8.11과 같이 된다. 결국 중배엽과 내배엽은 분리되어 각각의 기관원기를 만드나 도롱뇽에서는 다소의 차이가 보여진다. 중배엽과 내배엽이 함께 되어 함입하는 것은 변함이 없으나 원장의 배측에 해당하는 부분의 세포는 대부분은 중배엽으로, 그것과 연속하는 측면에서부터 복측이 내배엽이 된다. 따라서 내배엽은 중배엽에서부터 분리되어 배측을 향하여 점점 올라가 그 양단이 배측 중앙에서 융합해서 관으로 되어 장관을 만든다.

중배엽의 행동은 개구리나 도롱뇽에서도 같으며, 외배엽과 내배엽의 사이를 복측으로 향하여 늘어나 복측에서 융합한다. 이렇게 하여 외배엽과 내배엽의 사이를 채우도록 신전하여 몸 전체를 둘러싸게 되는 것은 어류나 조류 등의 그 외의 척추동물에서도 같으며, 단지 어류나 조류에서는 배엽의 형성은 배를 만드는 배반엽의 가운데에서의 변동인 점이 다르다. 결국, 중배엽에서 몸을 따라 세로방향으로 잘록한 부분을 만들어 최초의 척추가 분화하고 체절, 신절, 측판 등이 분화하나, 이 과정은 신경배가 형성되면서부터이므로 다음 장에서 설명한다.

8.3 사람(포유류)의 원장과 배엽의 형성

사람을 포함하는 포유류의 배는 난황을 별로 포함하지 않는데, 그 발생의 모습은 난황이 많은 조류의 발생과 닮아 있다. 큰 차이는 배반엽을 만들 때까지의 과정과 태반을 형성하는 점이다.

사람의 알은 수란관의 선단에서 수정하여 4~5일에 수란관을 통과하여 자궁에 도달한다. 그 사이에 투명대의 안에서 난할이 진행되고, 처음 할구는 헐겁게 결합하여 세포괴로 되어 있는 정도이지만 8~16세포기가 되면 할구는 서로 밀착하여 단단해진다. 이 상태에서 상실배까지 난할이 진행하여 결국 내부의 세포군이 한쪽으로 치우쳐 **내세포괴**(內細胞塊)와 **영양막세포층**(榮養芽層)으로 나뉘어 그 사이의 틈이 생긴다. 이 시기를 **배반포기**(胚盤胞期)라 부르며 포배기에 해당한다. 내세포괴가 장래의 몸을 만드는 부분으로, 영양막세포층은 융모막의 형성에 관여하여 자

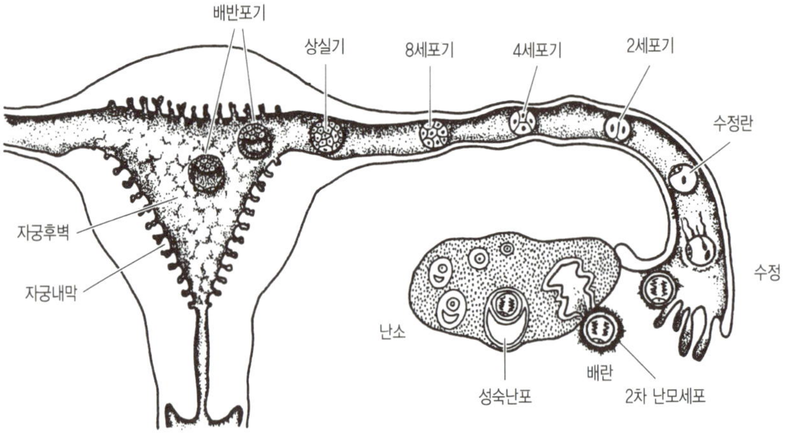

그림 8.12 **사람의 배란에서 착상까지**

궁에 접착하여 모체로부터 영양섭취의 역할을 한다. 내부의 틈은 포배강이다.

배가 자궁에 도달할 즈음, 투명대는 녹아 배가 밖으로 나오는데 이것이 부화(孵化)이며, 밖으로 탈출한 배는 자궁벽에 접착하게 된다. 이것이 착상(着床)이다(그림 8.12).

수정 후 5~6일째에 배반포는 자궁내막상피에 접착하여 배는 서서히 자궁내막에 들어가며 원장형성이 시작된다. 그 대부분은 자궁내막 내에서 진행한다. 배반포의 변화를 살펴보자. 내세포괴에서부터 얇은 세포층이 분리되어 상층을 **배반엽 상층**, 아래를 **배반엽 하층**이라 한다. 배체가 되는 것은 배반엽 상층만으로, 배반엽 하층은 곧 몰아넣어져 포배강(난황낭)을 둘러싸는 배체외 내배엽이 된다. 배반엽 상층의 바깥 가장자리의 세포는 늘어나 퍼져 곧 닫혀 양막을 형성한다. 양막 내에는 양수가 분비되어 배체를 보호를 한다(그림 10.12 참조). 조류와 같이 배반엽 상층의 후단에 세포가 모여 원조(세포집괴)가 형성되어 전방으로 늘어나 (헨젠)결절이 생긴다. 원조세포의 일부는 아래에 떨어져 들어가 배반엽 하층을 몰아넣어 내배엽을 형성하고, 배반엽 상층과 내배엽의 사이에 떨어져 들어간 세포가 중배엽이 된다. (헨젠)결절에서부터 떨어져 들어간 세포군은 전방으로 이동하여 척색이 된다. 배반엽 상층에 남은 세포가 외배엽으로 3개의 배엽이 완성된다(표 11.1 참조). 수정에서부터 14~15일경부터 몸을 따라 측면이 아래로 구부러지고, 배체가 전후로 가늘고 길게 되어 내배엽의 내부가 원장이 되고, 양막은 배체를 둘러싼 형태가 되고, 배반엽 상층은 난황낭을 둘러싸게 된다(그림 8.13).

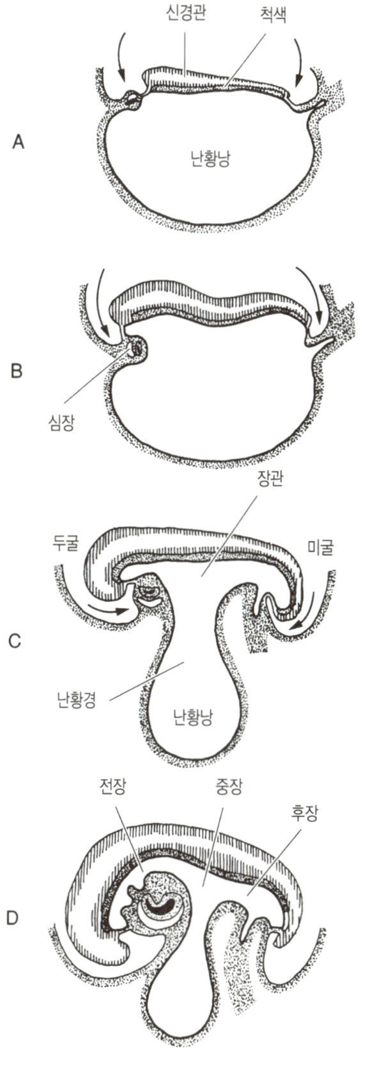

그림 8.13 사람 배의 굴곡에 의한 장관형성

A: 발생 22일째, B: 24일째, C: 26일째, D: 28일째

읽을거리 8. 외(원)장배

원장형성의 방법을 연구할 목적으로 성게나 영원에서는 원장이 역전해 배외로 나와버린 **외장배**(外腸胚)를 재료로 연구되어 여러 식견을 얻게 되었다.(그림 8.14). 특히 성게 배의 이중구배(극성)설의 확립에 도움이 되었다. 또 성게 배에서는 원장이 외부로 뒤집어져서 외배엽과 접하는 것은 불가능해도 구함(口陷)이 형성되므로 구함이 원장의 유도에 의한 것은 아니고 좀더 이른 시기에 외배엽의 앞부분에 구함의 분화가 예정되어 있는 것을 알았다.

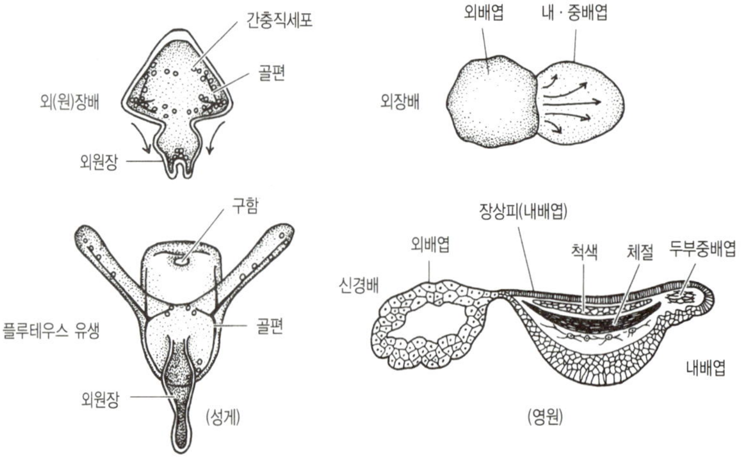

그림 8.14 **성게와 영원의 외장배**

외장배는 Li 이온, 크로람페니콜, 냉각, 고장배양액 등으로 유발하는 것이 가능하다. 성게 배에서는 포배강액의 추출물으로도 유발된다. 이 물질은 분자량 5,000~6,000의 펩티드로 배세포 내 고농도로 포함되어 세포의 형태변화에 관여하는 것이라고 생각되어, 그 유전자도 명확히 되고 있지만 아직 그 작용기구는 밝혀져 있지 않다.

영원에서는 고장배양액에 의해 외장배가 형성된다. 이 외장배에서는 외배엽을 남겨 내배엽과 중배엽이 함께 외부로 뒤집어져 밖으로 나간다. 이 배에서는 외배엽에 신경판 등의 신경계 조직은 만들어지지 않으므로, 다음 장에서 언급하는 신경계의 유도에는 척색 등의 중배엽이 직접 뒤집어져서 접촉하는 것이 필요하다는 것이 증명되었다. 그러나 외배엽의 후부(밖으로 뒤집어진 중배엽에 가까운 부분)에는 신경조직으로 발현하는 NCAM을 만드는 유전자 등이 발현하므로 정상배에서의 신경계의 유도루트에는 직접 접하는 척색에서부터 외배엽으로의 시그널이 보내지는 루트와 중배엽과 외배엽이 접하는 원구부분을 지나 시그널이 보내지는 루트가 있다는 것을 나타낸다.

제 9 장
신경관형성

무척추동물에서는 원장배에서부터 그대로 또는 유생을 거쳐 변태하고 성체가 되나, 척추동물은 뇌, 척수 등의 중추신경계를 만들 필요가 있으므로 그 원기로서 신경관을 만든다. 신경관은 배측의 외배엽이 변형하여 편평한 신경판이 되고 그것이 구부러져 관이 된 것으로, 그 곳의 신경세포가 분화하여 뇌, 척수가 된다. 신경판의 형성에서 신경관의 완성까지의 시기의 배를 **신경배**라 하나, 신경배라 하는 표현은 잘 연구되어 있는 양서류에서 사용되는 용어로, 조류나 포유류에서는 신경관을 만드는 신경배에 해당하는 시기는 있으나 용어로서는 그다지 사용하지 않는다.

신경관의 형성은 극성의 확립이나 유도 등을 포함한 복잡한 형태형성운동이지만, 기본적으로는 척추동물의 공통된 현상이기에 형태적인 변화에서 차례대로 고찰한다.

9.1 신경관형성

원장이 형성되어 내배엽, 중배엽, 외배엽이 분화되면 중배엽으로 안을 대고 있는 배측의 외배엽이 유도되어 신경관이 된다. 따라서 신경관의 형성은 외배엽(조류에서는 배반엽상층)이 중배엽에 밀착하여 유도를 받는 것이 필요조건이다.

양서류에서는 원구가 식물극측에서 닫힐 무렵 배측의 외배엽이 식물극에서부터 동물극에 걸쳐 평평해진다. 이것이 **신경판**으로 중앙에 홈이 생긴 경우(도롱뇽), 이것을 **신경구**(溝)라 한다. 신경판의 내측은 중배엽으로 안이 대어져 있다. 그 무렵, 내부의 함입된 부분은 중배엽과 내배엽으로 구성되어 있으며, 개구리는 배측의 대부분이 중배엽으로, 아래쪽의 원장에 면하는 약간의 부분과 측면과 복측이 내배엽이다(그림 8.11 참조). 도롱뇽은 배측은 중배엽으로 그것에 이어 측면과 복측이 내배엽으로 채워져 있다. 어떤 것이든 간에 배측의 중배엽과 복측의 내배엽으로 분리하여, 중배엽은 외배엽과 내배엽의 사이를 좌우의 측면에서부터 아래쪽으로 복측을 향하여 늘어나 연락하고 내배엽을 둘러싼다. 내배엽은 개구리에서는 그대로, 도롱뇽은 분리된 내배엽의 선단이 배측에 집중적으로 경쟁적으로 연락하고 장관을 형성한다.

결국 배의 외배엽에서는 등을 향하여 세포의 집중적 신장이 일어나 신경판의 주위가 말발굽형으로 부풀어 오른다(그림 8.6 참조). 이것을 **신경습**(褶) 또는 **신경융기**라 한다. 세포의 배측으로의 집중과 함께 전후의 방향으로 신장하기 시작하므로 배는 서서히 전후로 길어진다. 측면에서부터 외배엽의 신장 또는 집중에 의하여 신

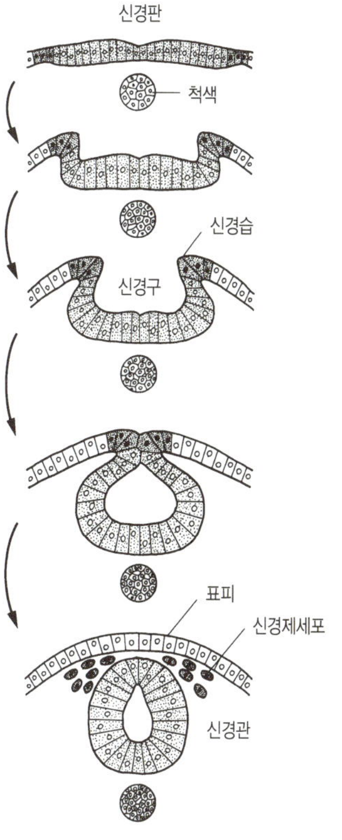

그림 9.1 개구리 배의 신경관과 신경제의 형성

경습은 점점 부풀어 오르는 동시에 중앙으로 접근해 오므로 신경판은 두께를 증가시킴과 동시에 폭은 좁아진다. 게다가 양측에서 접근해 와서, 먼저 미부에서 드디어 두부를 향해 닫혀 연락하게 된다. 그 결과 배의 내부에 떨어진 신경판은 **신경관**(管)이 되어 그 양측면에는 신경습의 세포의 일부가 떨어져 들어와 **신경관**(冠), 즉 신경제가 된다(그림 8.11, 그림 9.1).

그 무렵, 중배엽은 몸의 양측면에서 전후의 방향에 따라 잘록해져 배측 중앙에 척색, 그 양측에 체절, 신절, 측면에서부터 복측으로 측판이 생긴다. 이 척색의 최선단(척색전판(前板) 중배엽)과 접해 있는 신경관은 전뇌로, 최선단 바로 다음의 척색과 접해있는 신경관은 전후로 중뇌, 후뇌, 척수로 분화한다. 배의 측면과 복면을 둘러싼 측판은 엽열에 의하여 중앙에 틈이 생기고, 그 틈이 넓어져 측판을 외측과 내측으로 나눈다. 외측은 수족이나 피하의 근육(횡문근) 등이 되는 체벽판으로, 내측은 내장의 근육(평활근) 등이 되는 내장판이다. 측판을 분리시킨 틈은 나중에 **체강**이 된다. 복부 중앙의 앞부분은 양측면에서부터 하강한 중배엽의 융합부로서, 심장의 원기가 생겨 조류나 포유류의 신경관이 되는 부분은 배의 중앙의 배반엽 상층이다. 헨젠결절에서 내부에 떨어져 들어와 전방으로 늘어난 세포군(중배엽)이 척색으로 된다. 이것이 곧 위에 접한 배반엽 상층(외배엽)을 유도하여 신경관으로 분화시키지만, 그 과정이나 분화의 방향은 양서류와 다르지 않다(그림 8.9 참조). 이들의 변화가 조류에서는 큰 난황의 위에 있는 배반엽, 그리고 포유류에서는 내세포괴에 유래한 배반엽에서 각각 일어나는 현상인 것이 큰 차이점이다.

중배엽이 척색이나 체절 등으로 분화하는 것은 양서류와 같으며 그것이 배반엽 상층을 유도하여 세포의 형태변화를 일으킨다. 배반엽 상층은 구부러져 신경구(홈)이나 신경습(돌출)을 만들어 U자 모양이 되고 닫힌 내부로 신경관이 형성된다. 이때 세포주기의 변화와 관련하여 현저한 세포의 형태변화가 일어나는 것으로 알려져 있다.

9.2 유 도

알은 구성성분의 구역적인 차이가 있으며 그 때문에 난할의 결과로 된 각각의 세포는 세포질의 차이가 있고, 세포 자체가 유전자 발현을 포함하는 독자의 성질을 가지고 있다. 그것이 세포 이동이나 재배치 등에 의해 내배엽, 중배엽, 외배엽 등의 구별이 생기면, 인접하는 배엽의 사이에 유도가 일어나 발생운명이 정해지는 것을 앞에서 언급하였다. 그것이 슈페만에 의한 양서류에서의 오거나이저에 의한 유도의 발견이었다. 그 후 유도는 다른 동물에서도 보여지는 현상이며 단지 배엽의 사이에 일어나는 것만이 아니라 아직 발생운명이 고정적으로 결정되지 않은 세포 사이에서 정보전달의 결과로 유도(발생운명의 결정)가 일어나는 것이 보여지고 있다.

사실은 수정란 때부터, 동물에 따라서는 미수정란의 시기부터 유도로의 프로그램이 설계되어 있는 것이다. 여기에서는 잘 연구되어 있는 양서류나 조류 등을 예로 유도가 어떻게 일어나는가를 고찰한다.

양서류의 알을 보면, 동물극측이 검고, 식물극측이 희어 동식물극성이 명확하다. 그 식물극측은 액티빈이나 Vg1 단백질이 국재하여 있다는 것을 난의 극성부분에서 설명했다. 이들 단백질은 식물극측에서는 불활성상태라 생각된다. 양서류에서 정자는 난의 동물반구에만 들어가나 알은 정자의 침입(= 수정)에 의하여 표층회전이 일어난다. 그것에 의해 표층과 내층의 사이에 균열(비틀림)이 생긴다. 표층회전에 의해 식물극측은 정자침입점의 반대측으로 약 30° 이동한다(그림 6.11 참조). 이 이동에 의해 표층과 내층의 균열의 영향을 가장 크게 받는 것이 식물극측이라 생각된다. 거기서 위에 언급한 단백질의 활성화(아마도 프로세싱 = 여분의 단백질 제거)가 일어난다. 즉 식물극측의 정자침입점의 반대측이 수정 후의 유도나 극성확립

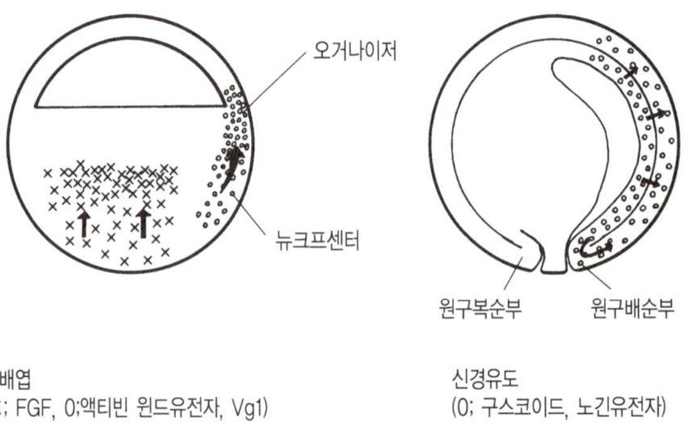

그림 9.2 **유도에 의한 유전자 활성화의 모식도**

등의 활성화의 중심적 역할을 한다. 이 부위를 발견자의 이름을 따서 **뉴크프센터**라 한다.

뉴크프센터가 생긴 측이 배측이고, 정자침입측이 복측이 되는 것은 발생을 추적해 알아보면, 뉴크프센터의 인접부위가 오거나이저가 되고 그 경계에서 함입이 일어나 후에 배측을 만들기 때문이다.

게다가, 정자침입에 의해 표층회전이 일어나고 그 반대측에 뉴크브센터가 생기나, 복합체를 만들어 불활성인 액티빈이나 Vg1 단백질이나 윈드라 불리는 유전자 산물 등이 여기서 활성화되어 이것에 인접한 다소 동물극 쪽의 대역(帶域)의 부분

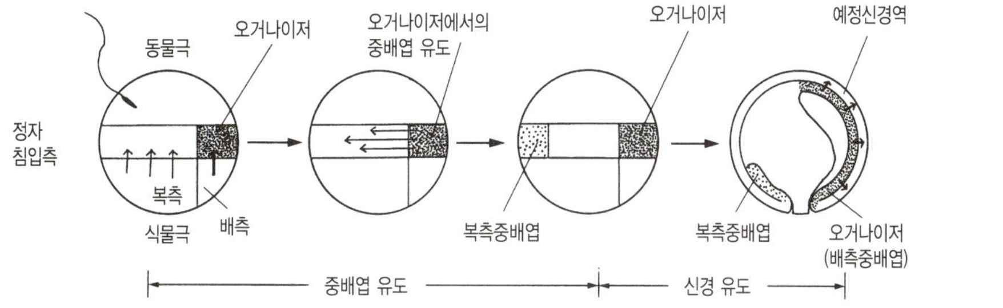

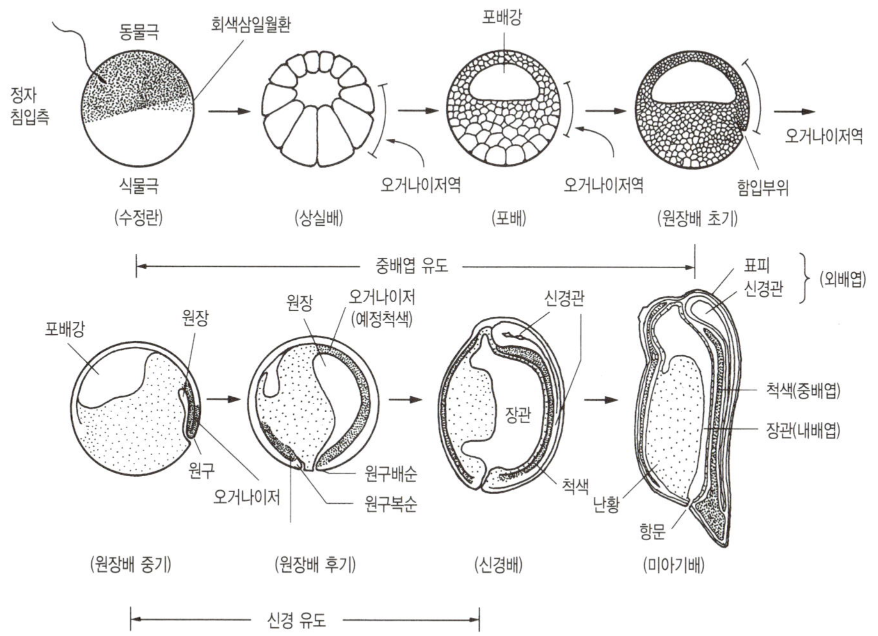

그림 9.3 **유도연쇄**

A : 중배엽 유도와 신경유도의 모식도, B : 양서류의 발생순서와 중배엽 유도, 신경유도의 대응(상하: 동식물극측, 우: 배측, 좌: 복측)

을 활성화한다(그림 9.2). 이 대역이 오거나이저라 불리는 부위이며, 액티빈 등의 유도에 의해 활성화되는 것은 구스코이드라 불리는 유전자 등이며, 활성화된 RNA이나 단백질을 만든다. 이들의 유전자 산물은 더욱이 다음의 유도물질로서 작용하여 연쇄적인 유도가 일어난다. 이같은 오거나이저 등의 중배엽을 유도하는 현상을 **중배엽유도(1차 유도)**라 부르고, 뒤에서 설명하는 오거나이저에 의한 **신경유도(2차 유도)**와 구별하고 있다(그림 9.3).

양서류에는 연쇄적으로 일어나는 유도의 근원은 식물극측에 있다. 여기서부터 동물극측으로 향해 혹은 등측과 복측으로 **유도연쇄**가 퍼져간다. 먼저, 등측의 뉴크프센터에서 활성화되어 배측 중배엽을 유도하는 것에는 액티빈, Vg1, 윈트, Siamois 유전자 등이 있으며, 다른 식물극측에서부터 작용하는 복측 중배엽의 유도인자로서 FGF(섬유아세포 성장인자), BMP-4(골형성 단백질) 등을 들 수 있다.

애니멀 캡 검정이라고 하는 방법을 사용하여 외배엽이 중배엽으로 변하는지를 알아보면(그림 9.4), 액티빈 등과 달리, FGF나 BMP-4는 중배엽으로는 되나, 척색은 되지 않고 근육 등으로 되므로 이들은 중배엽의 복측화 인자라 생각된다. 복측화인자는 배 전체에 존재하므로 배측화 인자는 배측의 복측화를 억제하고 배측화를 촉진한다. 배측화 인자 또는 유전자는 뉴크프센터에서 활성화 또는 발현하는 것이 필요하여, 배측화 유전자의 발현저해나 배측화 인자의 복측으로의 주입은 복측에 또 하나의 배측을 만들고, 그 결과 2차 배가 생긴다(그림 9.5).

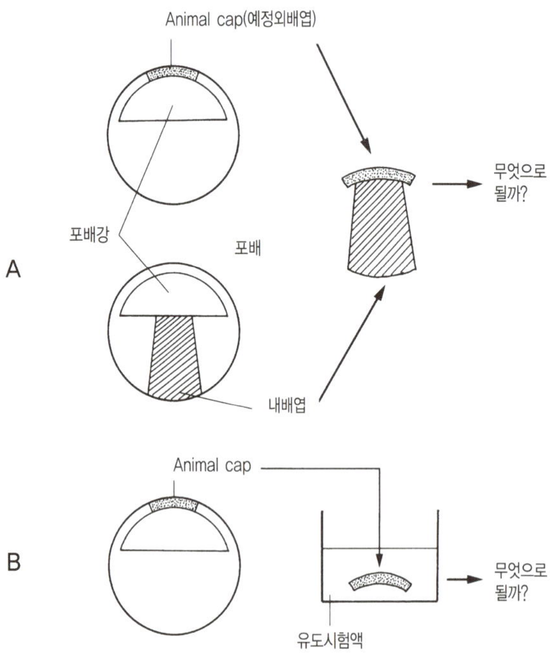

그림 9.4 Animal cap assay의 개략도
A: 내배엽의 작용을 본다. B: 시험액의 작용을 본다.

이들의 인자는 액티빈처럼 농도에 의해 작용이 달라지고 단독으로 유효한 것도 있지만, 많은 경우는 액티빈을 포함하여 농도차나 2개의 인자가 공존하여 그 상호작용의 결과로서 기능하는 것이 많다. 또한 단순히 활성화로 표현했지만, 위의 예에서 보듯이 복측화를 억제하여 배측화하거나

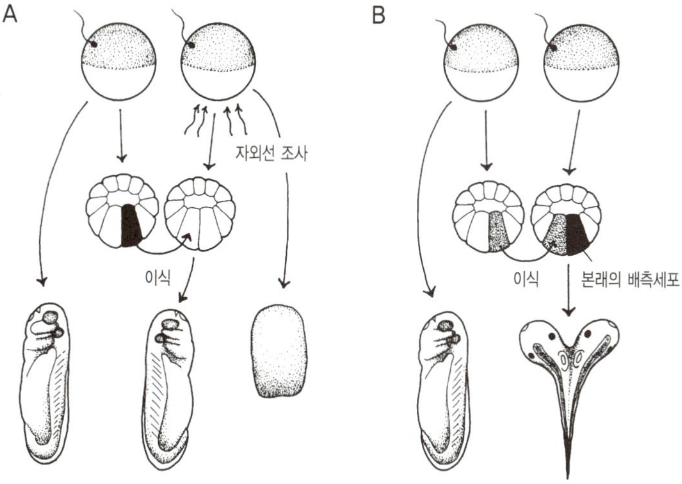

그림 9.5 식물극측 세포의 역할

A: 자외선을 쬔 알로의 세포이식, B: 이식에 의한 쌍두기형(성장한 배의 배복방향에 주의)

억제인자를 저해하는 것에 의해 활성화하는 경우도 있다.

이리하여 배측 중배엽과 복측 중배엽이 분화하면, 배측 중배엽(원구배순부)은 **오거나이저**라 불려, 여기서 구스코이드, *Xlim-1*, *Xnot-2*, 브라큐리 등의 유전자가 활성화되어, 복측 중배엽에도 영향을 주어, 구역적인 중배엽의 형성과 함께, 함입해 원장을 만들어 외배엽을 안에 대면 구스코이드, 노긴, 코르딘 등의 유전자를 발현하여 그 유전자 산물은 외배엽을 신경계로 유도한다. 이들의 유전자는 Vg1이나 액티빈 등으로 활성화되어 RNA를 만드나, 이 RNA는 원구배순부에 모여 함입에 이어 그 분포가 넓어진다. 이 모습은 함입의 진전에 이어 RNA를 염색해 보면 알 수 있다(그림 9.6). 이들의 신경유도작용은 예를 들면, 구스코이드 RNA를 개구리의 4세포기 배의 복측 세포에 주입하면, 복측 세포가 배측화하여 두 개의 두부와 배측을 가진 중복기형의 유생이 되는 것으로도 알 수 있는데 이것이 **신경유도**이다.

이들의 유전자는 RNA에서 단백질을 만들어 그 단백질이 전사조절인자로서 작용하여 신경계(신경관 등)의 세포를 만드는 유전자를 발현시키지만, 노긴이나 고르딘 단백질은 억제인자(repressor)를 저해하여 유전자를 활성화시킨다.

이렇게 보면, 양서류의 유도는 식물극측의 활성화에서 시작하여 중배엽유도, 신경유도, 게다가 나중에 설명할 중배엽과 다른 배엽간의 유도와 연쇄적으로 일어나지만, 그것은 모성 유전자의 산물(RNA가 단백질)에 의해 활성화된 유전자가 그 유전자 산물(단백질)에 의해 연쇄적으로 이어서 유전자를 활성화하는 것에 의해 형태형성에 관여하는 유전자의 발현을 촉진시키는 것에 의해 일어나는 세포분화라고

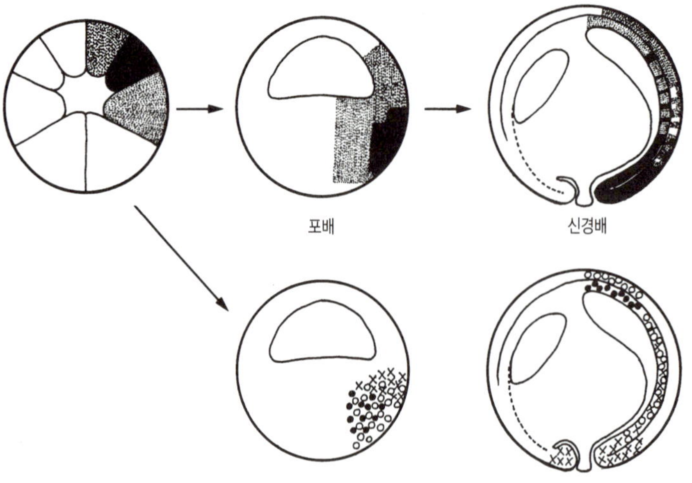

그림 9.6 **유도에 의한 세포의 이동과 유전자 산물(RNA)의 분포**
위는 세포에 색소를 주입하여 그 세포의 자손이 어디로 이동하는지 본 것. 아래는 mRNA를 염색하여 유전자 발현(RNA)의 분포를 본 것(○ : 노긴, ● : 구스코이드, × : 브라큐리의 각 RNA)

할 수 있다. 즉 유도란 극성에 따라 유전자 또는 유전자 산물의 활성화라 할 수 있을 지도 모른다. 어느 것이 활성화되는 가에 따라 특정의 유도가 일어난다. 양서류의 배의 신경유도를 일으키는 원구배순부(오거나이저)와 같이 유도능을 가진 부위는 다른 동물에도 보여지고 있다. 성게 배의 소할구, 조류의 배의 헨젠결절, 포유류의 배의 원조선단의 결절 등이 그 예로, 조류나 포유류의 배에서는 그 부위에 양서류의 배와 같은 유전자 발현이 확인되고 있다.

9.3 세포접착과 정보전달

원장형성이나 신경관형성과 같은 형태형성운동을 할 때 세포는 이동한다. 이 때 세포는 틈이 있는 곳을 찾아 시행착오를 행하는 것이 아니다. 세포는 항상 주위의 환경에서 정보를 인식하여 그것을 단서로 해서 방향을 정해 이동한다. 그리고 인접하는 세포에 정보를 전해 영향을 준다. 이 대표적인 예가 **유도**이다. 세포에 어떤 능력이 있는지, 무엇을 단서로 하여 이동하는지, 이동은 어디서 멈추는지, 여러 가지 의문이 생긴다.

세포의 표면은 어떻게 하여 주위의 정보를 인식하는 것일까? 우선 이 점부터 고찰해 보자. 그것은 세포막에 있는 단백질의 결합능력에 의존한다. 잘 알려진 현상으로 세포의 친화성 또는 세포선별이 있다(그림 9.7). 세포선별은 다른 종류의 세

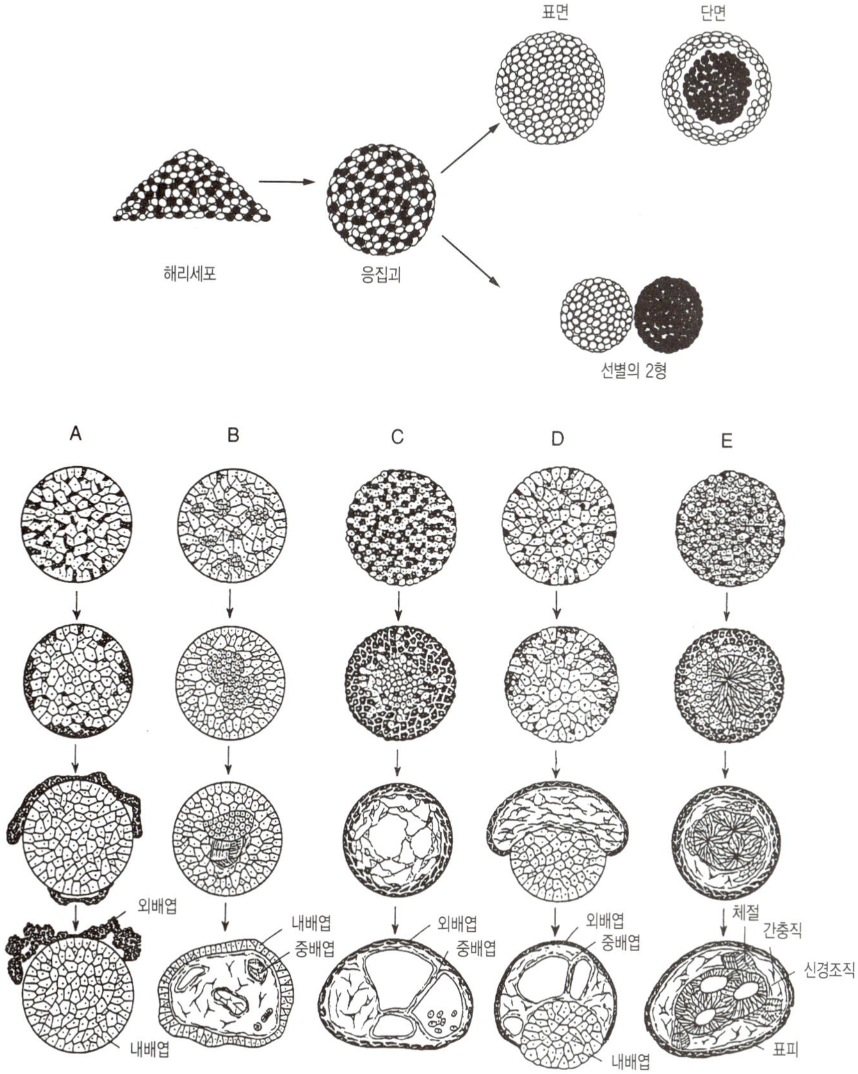

그림 9.7 양서류 배의 해리세포의 응집과 선별(상), 각 배엽의 해리세포를 혼합하여 만들어진 세포응집(하)
A: 외배엽과 내배엽, B: 중배엽과 내배엽, C: 외배엽과 중배엽, D: 외배엽, 중배엽과 내배엽, E: 표피세포(외배엽)와 신경판세포는 중심으로 이동하고, 중배엽은 체절이나 간충직으로 분화하면서 사이를 메운다.

포를 혼합하면 이동하여 나뉘어 같은 종류의 세포끼리 집합하여 층상으로 나뉘거나 두 개의 세포괴로 되는 현상이지만, 이 능력은 세포가 조직이나 기관을 형성할 때 극히 중요한 역할을 가진다. 그러나 이러한 현상도 세포를 Ca가 없는 배양액이나 단백질 분해효소를 가진 액 등으로 씻어 세포 표면의 구조를 파괴하면 일어나지 않는다. 이 세포가 세포선별 등의 능력을 회복하는 데에는 세포가 새롭게 단백질을 합성하여 세포막에 집어넣어 원래의 세포막으로 복귀하는 것이 필요하며 그만큼 시간이 걸린다.

지질이중층으로 된 세포막에는 여러 가지 단백질 또는 당단백질이 첨가되어 있다. 단백질성 호르몬이나 그 외의 세포막 비투과성의 물질에 대한 각종 수용체, 세포접착인자, 수동적인 이온채널, 능동적인 이온펌프, 각종 세포결합장치, 세포간연락 등 여러 가지 장치가 단백질로 구성되어 세포막에 첨가되어 있다(그림 9.8). 이중 세포가 무엇을 구비하고 있는가는 조직이나 기관의 세포에 따라 다르며, 항원에 대한 수용체나 신경전달물질에 대한 수용체를 가지고 있는 세포도 있다.

세포가 외부환경의 정보를 인식하는 방법으로써 많이 볼 수 있는 것은 세포막의 수용체단백질에 의한 것이다. 수용체단백질은 외부의 정보에 대하여 반응하는 특이적인 시그널 수용부위를 가진 세포외영역과 막관통영역과 세포내영역을 가진 단백질로 세포외영역은 각종의 시그널 분자에 대하여 특이적으로 결합하는 구조를 가지고 있으며, 시그널이 되는 분자 또는 리간드(ligand)에 대하여 각각 다른 수용

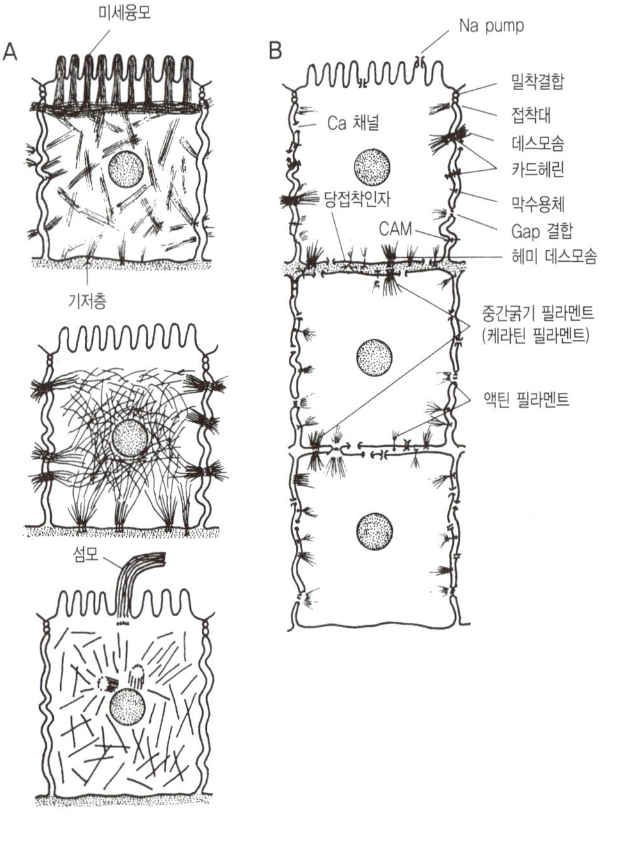

그림 9.8 세포막과 세포골격의 개념도
A: 세포골격(상: 액틴필라멘트 = 미소섬유, 중: 중간굵기 필라멘트, 하: 미소관), B: 세포간 결합

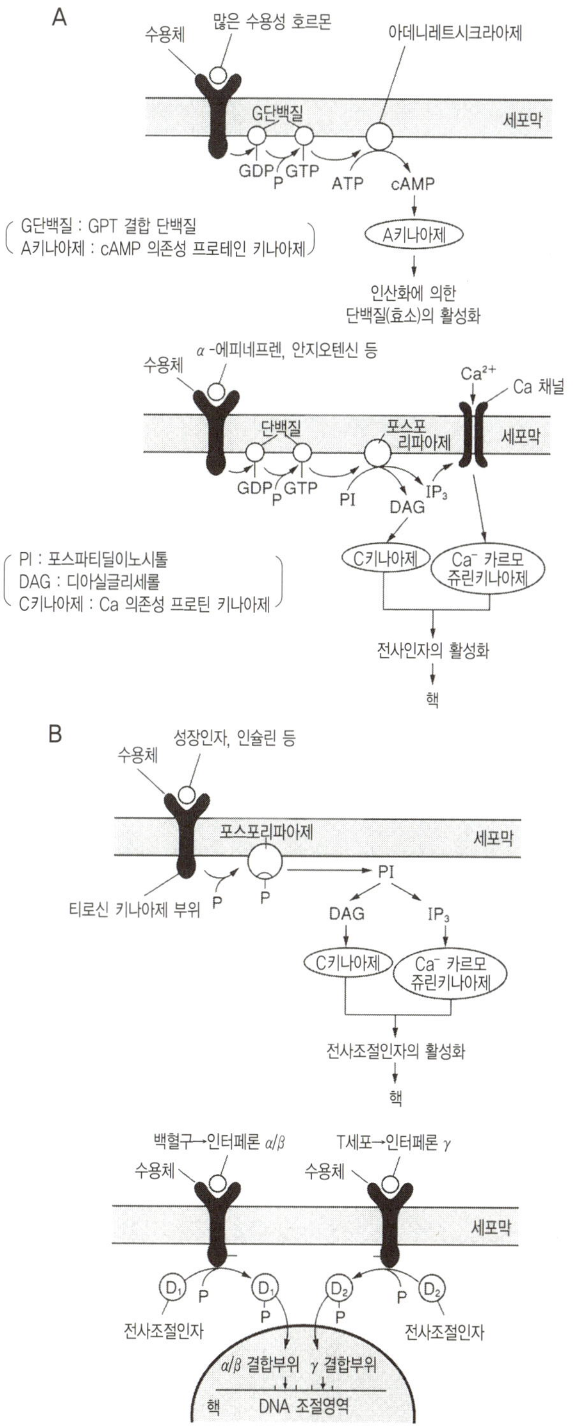

그림 9.9 세포막의 정보전달계

A: G 단백질을 사이에 두는 정보전달, B: 효소 활성을 가진 수용체

체가 대응한다. 막관통영역은 소수성 아미노산으로 된 부위로 막의 지질층과 융화할 수 있는 영역이다. 세포내 영역은 세포내의 정보를 전하는 기능을 가지며, 세포내 또는 막 내면의 효소나 세포골격과 연락하여 외부정보를 세포내로, 게다가 핵이나 유전자로 전달하는 중계 역할을 한다. 따라서 세포가 어떤 수용체를 가지고 있는가에 따라 어떤 정보가 전해지는가, 그것에 대응하여 어떤 정보가 발현되는 것인지가 정해진다. 호르몬처럼 혈류를 타고 몸 전체를 돌거나 몸 전체에 영향을 주는 자극이라도 반응하는 세포는 그 시그널에 대한 수용체를 가지고 있는 세포에 한한다. 세포의 기능이 다른 이유의 한 가지가 여기에 있다.

9.3.1 호르몬 수용체

펩티드호르몬, 단백질호르몬, 성장인자, 신경전달물질 등은 수용성으로 세포막을 통과하지 못하기 때문에 이들에 대한 수용체는 세포막에 있다. 스테로이드호르몬이나 갑상선호르몬은 지용성으로 막을 통과하는 것이 가능하며, 이 수용체는 세포질이나 핵내에 있다. 세포막의 수용체는 막관통단백질로, G 단백질(GTP 결합단백질)을 도와 아데닐산 시크라아제를 활성화하여 cAMP 양을 조절하는 것(cAMP가 세컨드메신저로서 작용함), 수용체의 세포내 영역이 효소활성(티록신 키나아제, 세린, 트레오닌 키나아제, 구아닐산 시크라아제 등)을 가지며, 세포내 정보전달단백질을 활성화하는 것, 이온채널을 내장하는 수용체 등으로 나뉘어지며, 많은 수용체가 알려져 있다. 세포질이나 핵내의 수용체는 호르몬 결합부위 외에 다음에 전달하는 단백질 등의 활성화부위를 가지는 것과, 더욱이 DNA 결합부위를 가진 것이 있고, DNA 결합부위를 가진 것은 DNA와 결합하여 전사조절인자로서 작용한다. 아세틸콜린 수용체와 같이 이온채널을 가진 수용체는 호르몬의 결합에 의해 세포막의 이온채널이 열려, Ca 이온의 세포내로의 유입에 의해 Ca 양이 증대되어, Ca가 메신저로서 작용한다(그림 9.9).

9.3.2 세포접착인자

세포가 이동하여, 일정한 장소를 정하여 접착하거나 또는 정위(定位)하는 데에는 2가지 방법이 있는 것이 알려져 있다. 하나는 세포 표면에 세포접착인자(**CAM**)가 있어 이 인자를 개입시켜 세포끼리 직접 접착하지만, 접착인자의 많고 적음에 의하여, 결국 접착인자를 세포 표면에 가지거나, 잃거나 하는 것에 의해 세포는 이동하거나 재배치를 한다. 다른 하나는 세포 표면에 인테그린이라 불리는 수용체가 있어, 이것이 세포외에 분비되는 기질(**ECM**)과 결합하여 ECM의 존재 여부와 양 등을 인식하여 세포가 이동하는 경우이다. 이 때 세포는 ECM을 도와 간접적으로 밀

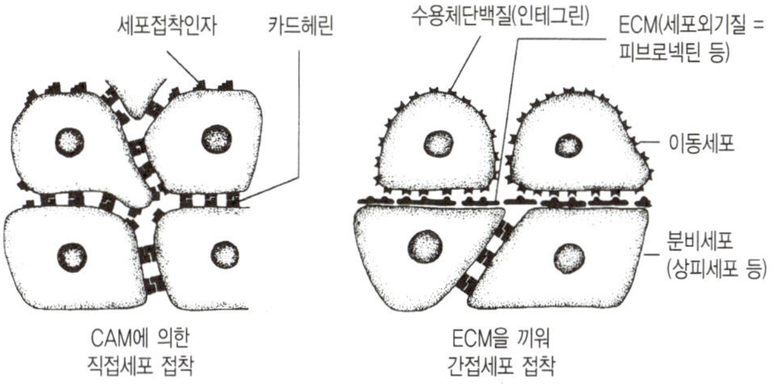

그림 9.10 **세포접착과 세포의 이동**

착하는 것이 된다(그림 9.10).

세포접착인자는 CAM이라 약칭되어 Ca 의존성, Ca 비의존성, 당 의존성 접착인자의 3종이 알려져 있다. Ca 의존성 접착인자는 **카드헤린**이라 불리어지고 세포막에 있는 막관통형 단백질이다. 카드헤린은 E형, N형, P형이 알려져 있고, E형 카드헤린은 거의 모든 상피에 있으며, N형은 주로 신경조직, P형 카드헤린은 태반에 있다. 이들 단백질 분자는 세포내에서 막을 통해 세포외로 늘어나 있으며, 같은 형끼리의 카드헤린이 결합하므로 같은 형의 카드헤린을 가진 세포끼리가 접착하여 세포집단을 만든다. 그러나 세포는 언제나 같은 카드헤린을 가지고 있는 것이 아니라, 발생에 따른 형태변화 시에는 카드헤린을 만드는 유전자의 발현이 달라져 별도의 카드헤린을 가지게 되고 세포는 분리하여 이동한다. 예를 들면, 표피를 만드는 외배엽이 유도에 의해 신경관이 될 시에는 표피의 E형 카드헤린이 N형 카드헤린으로 변하고, 외배엽 신경역의 세포는 표피에서 떨어져 집합하여 신

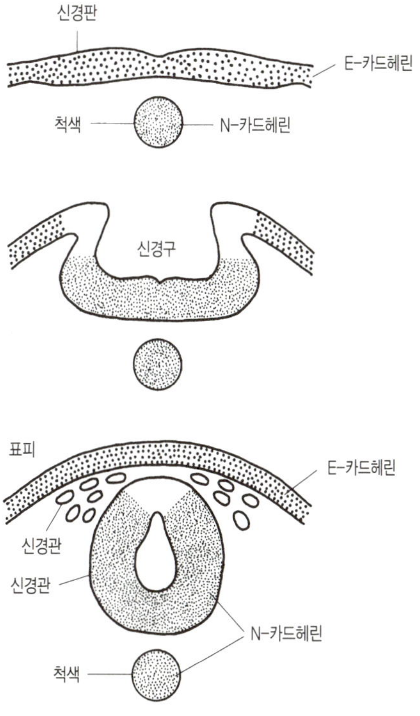

그림 9.11 **신경관형성과 접착인자 카드헤린의 변화**
신경관세포처럼 이동이 심한 세포는 어느 쪽의 카드헤린도 출현하지 않는다.

경관이 된다(그림 9.11).

Ca 비의존성 세포접착인자(CAM)는 분자구조의 유사성에서 **면역글로불린(Ig) 슈퍼패밀리 CAM**이라 불려지고, 신경세포접착인자(N-CAM)(20종 이상이 있다.)나 II형 파시크린 등이 알려져 있다. Ca 이온을 필요로 하지 않으나 세포외영역이 면역글로불린과 닮은 구조를 가지고, 카드헤린과 같이 동일한 접착분자를 가진 세포끼리의 접착에 작용한다. 발생의 중요한 단계에 일시적으로 발현하여 세포의 집합분리, 이동 등 형태형성에 관여하고 있다.

당 의존성 세포접착분자는 당이 접착에 관여하는 것으로, 수정 시에 작용하는 바인딘을 시초로 하여 당의 트랜스페라아제와 같은 효소가 작용하는 일시적인 세포의 결합이나 세포이동 시에 작용하고 있다.

9.3.3 세포외기질

세포에 의해 분비되어 세포를 유지하고 있는 세포외 물질을 **세포외기질(ECM)**이라고 하는데 주로 두 가지의 작용을 한다. 하나는 상피와 그 아래의 결합조직과의 사이에 있는 기저막처럼 세포층을 분단하여 상호작용을 차단하거나 세포군을 지지하거나 하는 것이고, 다른 하나는 세포 이동의 기질이 되는 것이다. 주요한 ECM에는 콜라겐, 프로테오글리칸, 세포외 당단백질 등이 있다(그림 9.12).

콜라겐은 동물 특유의 글리신과 프로린을 다량으로 함유한 당단백질로 피부, 힘줄, 뼈 등에 많다. 콜라겐은 아미노산의 조성에 의해 각양각색이며, 탄성섬유와 같이 다양한 섬유를 형성하여 피부, 뼈, 눈의 수정체, 혈관 등에 포함되어 세포의 고정에도 역할을 한다.

프로테오글리칸은 당의 함량이 많고, 이당류의 반복구조를 가지며, 아미노산을 포함하고 있는 것이 특징이다. 히아로우론산이나 곤드로이신유산에 대표되는 것처럼 연골, 동맥, 폐, 심장 등에 결합조직이나 각막 등에 포함되어 한쪽 끝은 세포막

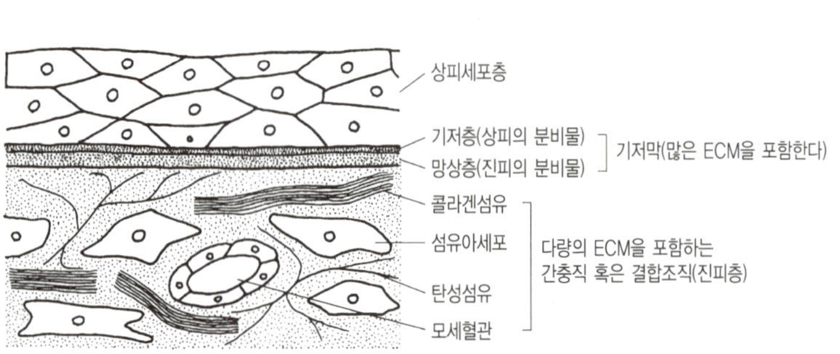

그림 9.12 주요한 ECM 분포 구역

에, 다른 쪽 끝은 다른 ECM과 결합하여 세포집단의 형성이나 세포분화에 중요한 역할을 하고 있다.

세포외 당단백질의 대표적인 것으로 피브로넥틴, 라미닌, 엔타크틴 등이 있다. 피브로넥틴은 섬유아세포나 상피세포 등에 의해 합성 분비되는 460kDa의 당단백 이량체이다. 라미닌은 기저막의 중요한 구성성분으로 십자형의 860kDa의 거대분자이다. 이 두 물질의 공통분자 내의 RGD(아르기닌, 글리신, 아스파라긴산) 등의 세포와의 결합배열이나 콜라겐이나 프로테오글리칸과의 결합배열을 가지고 있으며, 세포는 이들의 ECM과 결합하는 것에 의해 이동, 정위한다. ECM는 세포성장, 세포접착, 세포의 형태변화 등에도 역할을 한다. ECM을 빼거나 그 항체를 가하면 ECM가 작용하지 않으므로 세포이동이 저해되거나 기관이 형성되지 않는다.

9.3.4 인테그린

피브로넥틴이나 라미닌과 같은 ECM은 세포와의 결합영역을 가지고 있다. 이것과 결합하는 것은 세포 표면에 있는 수용체이다. 이 세포막의 수용체를 **인테그린**이라 한다. 인테그린은 알파사슬과 베타사슬의 두 개의 Subunit으로 된 헤테로이량체의 막관통형 단백질로, 단백질호르몬의 수용체와 다르게 결합 친화성이 낮고, 세포가 ECM을 인식하여 이동하는 역할을 하고 있다(그림 9.13). 인테그린의 세포외 영역은 ECM과 결합하고 세포내 영역은 타린, 빈큐린 등을 도와 액틴섬유와 결합하므로, 인테그린은 세포내의 정보전달이나 세포의 형태변화에 역할을 하고 있다.

여기까지 인테그린의 알파서브유닛은 14종류, 베타서브유닛은 9종류가 알려져 많은 이량체를 형성하나 적어도 20종류의 이량체 인테그린이 알려져 있다. 그 작용도 여러 가지이다. 예를 들면, $\alpha_2\beta_1$ 인테그린은 콜라겐과 라미닌의 양쪽에 결합할 수 있으나, 세포에 따라서는 콜라겐 또는 라미닌 둘 중 어느 한쪽하고만 결합하는 것과 같이 세포 환경에 의해 결합능이 다르다. 또 상세한 방식은 알려져 있지 않으나 중배엽성의 간충직세포가 신세관(콩팥세

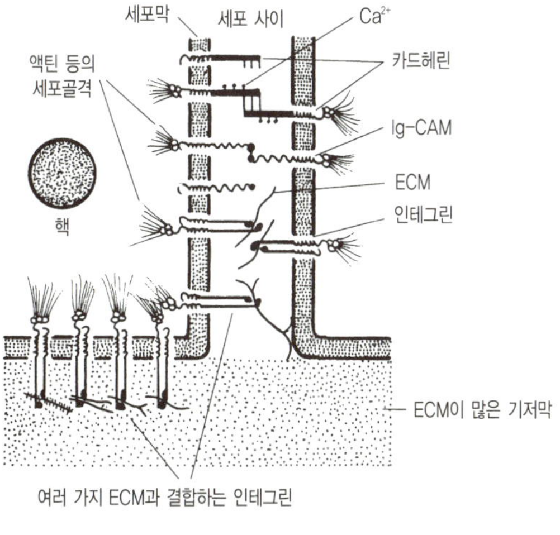

그림 9.13 세포막 단백질과 세포외기질(ECM)

관)을 만들 때 보우만낭의 상피세포가 되는 $\alpha_3\beta_1$ 인테그린을 발현하고, 요세관을 만드는 세포는 $\alpha_6\beta_1$ 인테그린을 발현하여 ECM을 식별하고 바른 위치로 이동하여 세포집단을 만들어 기관을 형성하는 것이 알려져 있다.

또한, 인테그린은 세포내에서는 세포골격과 결합하므로 ECM 안에서 세포를 일정방향으로 배치시키는 것에도 역할을 한다. 반대로 말하면, 인테그린이나 카드헤린과 같은 막관통형의 접착인자는 세포내의 세포골격과 결합하고 있으면 세포내의 정보를 받아 인접하는 세포와 다양한 친화성이나 결합능을 나타내고, 또한 결합을 단단히 하는 것도 가능하다.

9.3.5 세포간 결합

세포가 이동을 끝내고 정해진 위치에 머무르면, 세포집단은 서로 단단한 결합을 만들어 상호 연락하면서 세포분열이나 재배치 등을 반복하여 유전자의 발현에 따라 기능을 하게 된다. 이것은 발생과정에 있는 세포분화에 머무르지 않고 성체가 된 이후에도 계속적으로 이어받는다.

세포간 결합에서는, 폐색(閉塞)결합으로서 **밀착결합**, 고정결합으로서 **접착대**, **데스모솜**, **헤미데스모솜** 등 연락결합으로서 **갭(gap)결합** 등이 있다. 밀착결합은 상피세포층 등에 있으며, 세포간 분자의 통과 등을 막고 세포를 밀착시킨다. 이것에 의해 상피세포층은 끌어들어간 물질분자의 세포간극을 통하여 외부로의 유출을 막고 있다.

고정결합은 심근이나 피부 등의 세포에 많으며, 세포간의 세포골격을 연결하거나 세포골격과 세포외의 ECM과 연결하는 역할을 하고 있다. 접착대는 액틴섬유가 결합하여 이 역할을 하며, 데스모솜이나 헤미데스모솜은 중간굵기 섬유가 결합하고 있다. 이들은 세포내에 세포골격이 결합하는 부착단백질이 있으며, 그것에 막관통형 단백질이 결합하여 외부와의 고정을 하는 역할을 한다. 예를 들면, 접착대에는 부착단백질은 카테닌, 타린, 빈큐린 등이 있으며, 막관통단백질은 카드헤린이나 인테그린이다. 카드헤린은 카드헤린끼리의 결합에 의해 인접세포와 고정적으로 결합하고, 인테그린은 ECM과 결합한다. 데스모솜은 중간굵기 섬유와 결합한 카드헤린이 인접한 세포의 카드헤린과 결합한 구조이고, 헤미데스모솜은 역시 중간굵기 섬유와 결합한 인테그린이 ECM과 결합하여 세포를 고정하고 있다. 이들은 각각 CAM이나 ECM의 부분에서 설명했던 기능을 분담하는 세포간 결합이다. 즉 데스모솜은 주로 상피의 세포와 세포를 묶고, 헤미데스모솜은 세포와 기저층을 묶는다(그림 9.8 참조).

연락결합으로서 기능하는 갭결합은 특이한 역할을 한다. 갭결합은 모든 동물의 대부분의 세포에서 볼 수 있는 구조로, 이 구조의 어느 부분의 세포간의 간격(갭)은

2~4nm 정도이다. 갭결합은 코네키신이라 불리는 막관통단백질로 되어 있으며, 분자량 1,000Da 이하의 소분자만이 통과하는 것이 가능하며, 특히 무기이온 등은 자유로이 통과한다. 즉, 세포내 정보전달을 위한 cAMP나 Ca 등이 세포 사이를 통과하기 위한 채널로 되어 있다. 그러나 이 채널은 세포질의 pH나 Ca 농도의 변화 등으로 개폐되고 조절되고 있다.

읽을거리 9. 세포내 정보전달

세포외에서부터의 여러 가지 정보는 세포에 전달되어지나 대부분의 정보는 핵까지 전달되므로 세포가 반응한다. 세포는 세포막의 수용체단백질과 세포내의 수용체에 의해 정보를 받는다. 유도물질, 세포내 접착인자, 세포외기질, 단백질성 호르몬 등 세포막 비투과성의 물질은 세포막의 수용체로, 스테로이드호르몬처럼 막을 통과할 수 있는 물질은 세포내 수용체에서 받아들여지나, 어느 것이나 다 이 정보를 핵에 전하기 위해서는 세포내에서의 정보전달이 필요하다.

세포막의 막관통수용체단백질 등에 의해 받아들여진 정보는 G 단백질이나 효소의 활성화 등의 형태로 세포내에 전해진다. 그 중요한 방법에는 Ca 채널의 조절을 받는 세포내 Ca 이온의 증감, 아데닐시크라아제에 의존하는 cAMP의 증감, 단백질키나아제(인산화효소)계에 의한 활성화, 세포막의 구성성분인 이노시톨인지질에 의한 시그널 전달경로의 활성화 등이 있다. 키나아제계에는 여러 가지 단백질이 인산화에 의해 연쇄적으로 활성화되어 최종적으로 유전자의 전사조절인자의 활성화로 결말지어진다. 그 순서, 표적단백질 등에 관해서는 모르는 것이 많다. 이노시톨 인지질은 세포막의 미량성분이고 포스팍티딜이노시톨(PI), PIP, PIP_2, IP_3, 디아실글리세롤 등을 예로 들 수 있지만 개개의 이노시톨인지질의 작용에 관해서는 아직 모르는 것이 많다.

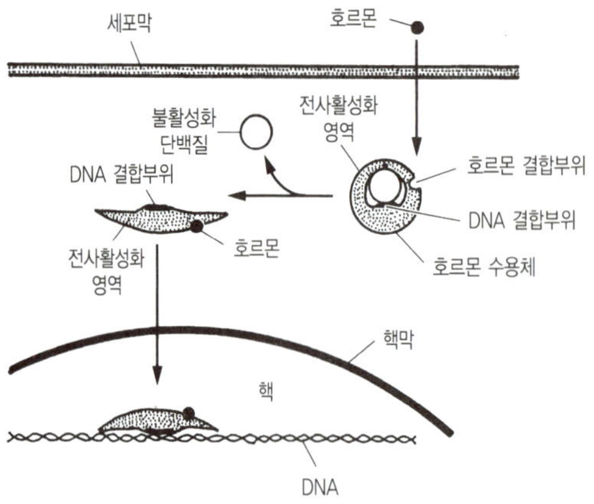

그림 9.14 **세포내 호르몬 수용체**

세포내 수용체는 단백질 분자 내에 호르몬 등의 결합부위와 DNA 결합부위의 양쪽을 가지고 있고, 호르몬의 결합에 의해 활성화되어 유전자의 상류에 있는 전사조절영역에 결합하는 전사조절단백질이다. 그 작용 기작에 관해서는 여기에 개념도를 표시해 둔다(그림 9.14).

제 10 장
배의 극성

몸의 방향, 몸을 만드는 세포나 기관의 위치나 방향은 일정한 질서있는 규칙성을 가지고 배치되어 있다. 그 기반이 되고 있는 것이 극성(極性)이다. 많은 동물의 알은 동식물극성이 있다. 그 알에 언제, 어떻게 하여 두미(전후), 배복, 좌우의 극성이 생기는 것일까? 예외적으로, 곤충류의 알은 수정하기 전부터 이미 3개의 극성이 정해져 있다. 언제, 어떻게 하여 생기는 것인가? 그리고 언제 어떻게 최종적으로 성체의 극성으로 확립되는 것일까?

극성은 몸을 만든 후, 동물 종 고유의 질서있는 형태를 만들기 위해 필요하며, 생명활동 시에 밸런스를 얻는 연속한 기능을 가지기 위해 필요하다. 동물의 형태는 물론 위, 소장 및 대장 형태의 동물 고유의 기능적인 합리성이 인정되며 발생과정에서 위, 소장, 대장의 순서가 뒤바뀌게 되면 생명을 잃게 된다. 어떻게 규칙적으로 만들어지는가 생각해 보자.

10.1 성게 배의 극성

성게의 배에는 몇 개의 극성이 알려져 있다. 성게 알은 **동식물극성**이 있으나 배도 이 극성에 따라 세포가 분화한다(그림 10.1). 16세포기가 되면, 할구의 크기가 차이가 나서 동물극측부터 식물극측을 향하여 **중할구**, **대할구**, **소할구**가 된다. 동물극측이 두부이며, 외배엽이 된다. 식물극측은 미부이며 내배엽과 중배엽이 된다. 따라서 배엽의 순서는, 동물극측부터 차례로 외배엽, 내배엽, 중배엽이 위치하며,

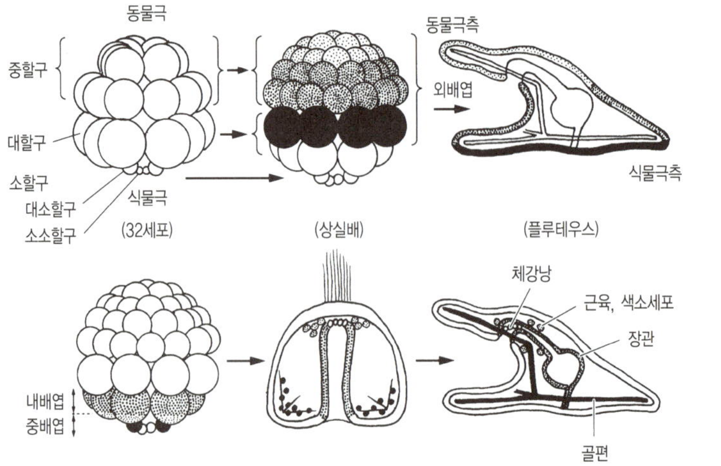

그림 10.1 **성게 배 할구의 발생운명과 동식물극성**
상: 동물극쪽(외배엽)의 할구, 하: 식물극쪽(내, 중배엽)의 할구만을 검거나 점으로 구분하였다.

다른 동물의 배와는 배엽의 순서가 다르게 되어 있다. 외배엽은 중할구와 대할구의 동물극 쪽의 반으로 유생의 외표를 형성한다. 내배엽은 대할구의 식물극 쪽의 부분으로 함입하여 소화관(원장)을 만든다. 중배엽은 대할구의 가장 식물극 쪽의 부분과 소할구로, 이 대할구의 일부는 원장과 같이 함입하며 그 선단에 이입(분리)하여 2차 간충직세포라 불리어 근육이나 색소세포 등으로 분화한다. 소할구는 대소할구와 소소할구로 나뉘어, 대소할구는 원장함입 전에 배의 안으로 이입하여 1차 간충직이 되며 나중에 골편을 형성한다. 소소할구는 함입 시에 체강낭이 되어 원장의 선단중심부에 위치하며 나중에 성게의 원기를 형성한다. 이들 모두 중배엽이 된다.

동식물극성이라는 약간 틀어진(벗어난) 극성이 있는 것이 알려져 있다. 유생의 형태형성에 관한 유전자의 발현패턴에서 구별되는 **구**(口), **반구**(反口)**측 극성**이다(그림 10.2). 구측은 플루테우스 유생의 입을 중심으로 하는 부위로, 유생의 운동방향에서 말하자면 전방이다. 반구측은 그 반대측으로 운동방향의 후부가 된다. 구, 반구측 극성은 동물극을 지나는 면으로 전후로 이분되지만 식물극측은 함입이나 이입에 의하여 배의 안으로 분포되므로 규칙적인 방향성을 가지고는 있으나 동식물극성과는 일치하지 않는다. 외배엽에 한하여 구별하면, 구측 외배엽과 반구측 외배엽으로 구별되어 전자는 전부(前部) 외배엽, 후자는 후부 외배엽이라 불려 전

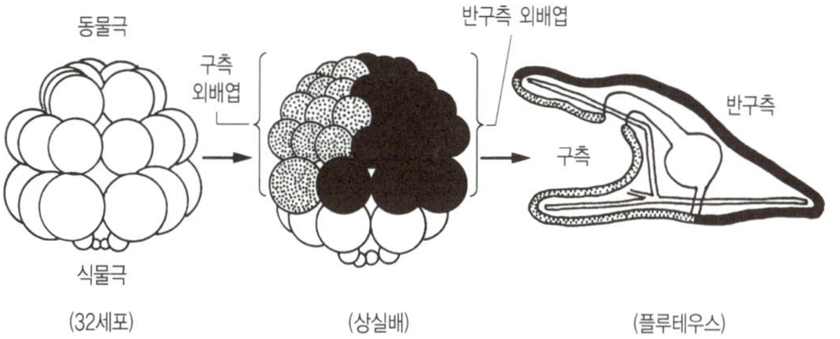

그림 10.2 성게 배의 구(口), 반구(反口)측 극성

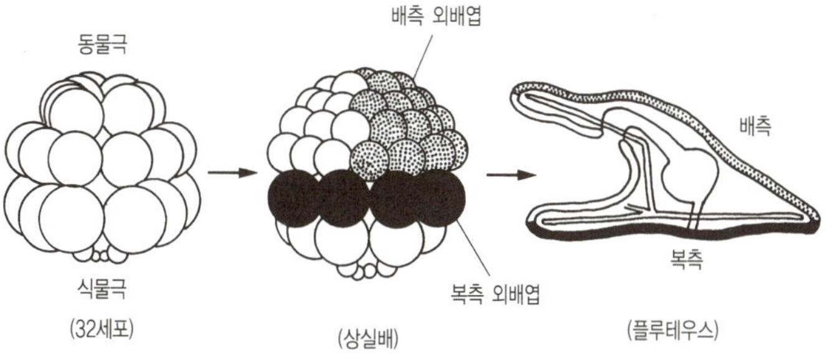

그림 10.3 성게의 플루테우스 유생의 배복극성

후를 나타낸다고 생각되지만, 이 전후극성은 유생의 운동방향에 의존한다.

프리즘 배가 되고, 후에 플루테우스 유생이 되면 배측과 복측이 구별된다. 이것은 각 부분의 구조를 위치잡기 위하여 편의적으로 호칭되는 면이 있다. 즉 항문(원장의 함입에 의해 생긴 원구)이 있는 부위를 복측, 그 반대측을 배측이라 부른다. 복측과 배측을 나누는 한 개의 면을 생각해 보면, 입과 후부선단부을 묶는 면의 항문측이 복측으로 그 반대측이 배측이다. 따라서 이 극성은 동식물극성과도 구, 반구측 극성과도 일치하지 않는다(그림 10.3).

이렇게 하여 몇 개의 극성이 확실히 되면 **좌우극성**도 명확히 된다. 배측부터 복측을 향해 그 좌와 우가 좌우극성이다. 함입한 원장의 선단에 있는 소소할구는 좌우로 나뉘어 체강낭을 형성하지만, 유생이 성장하여 6~8완 플루테우스가 되면 좌측의 체강낭만이 다른 세포와 협동하여 발달하고 성게원기를 만든다. 이 유생의 좌측의 성게원기는 변태하여 어린 성게가 되는 부분으로, 확실히 좌측과 우측의 성질의 차이가 있음이 보인다(그림 10.4).

이러한 몇 개의 극성이 있으며, 동식물극성을 중심으로 규칙성을 가지면서 조금씩 어긋나 몇 개의 방향성을 나타낸다. 난할은 동식물극축에 따라 규칙적으로 진행하므로 동식물극축이 분열면을 규제하고 있는 것같이 보인다. 확실히 동식물극축

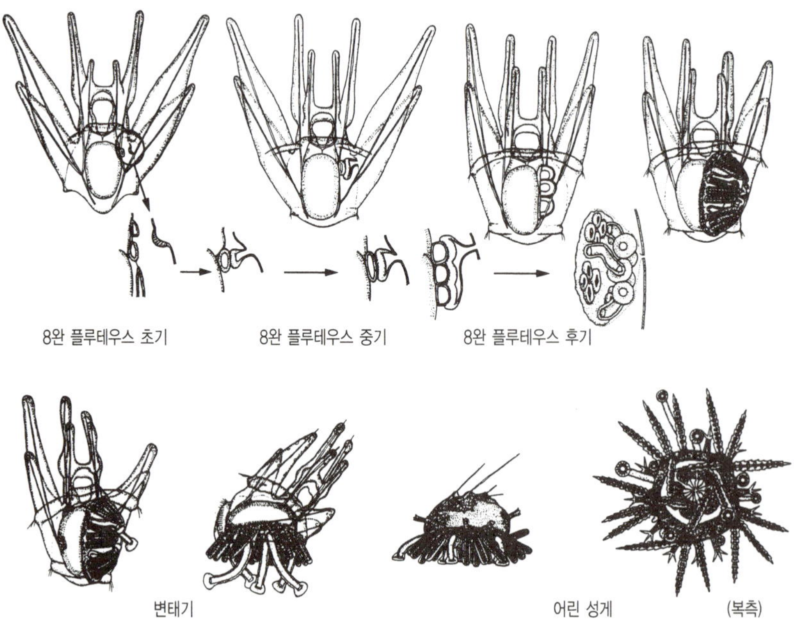

그림 10.4 **플루테우스의 발달과 성게원기(화살표)의 형성**

에 따라 제1, 2난할이 일어난다. 그러나 성게의 종에 따라 제1난할면과 배복축이 일치하는 종, 제1난할면과 배복축이 직교하는 종, 45° 정도 기운 종 등 여러 가지가 있다(그림 10.5). 그러나 동식물극축과 두미축이 일치하고 있는 것에는 변함은 없다.

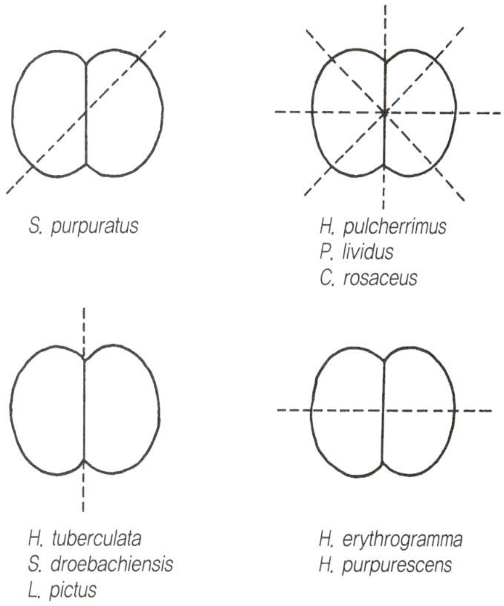

그림 10.5 성게의 제1난할면과 배복축의 관계
성게의 2세포기 배를 동물극측에서 본 경우의 배복축 (점선)

성게는 몇 개의 극성이 있어 그것이 서로 어떤 관계가 있는가는 명확하며, 극성에 따라 유전자의 발현 등에 관한 연구가 진행되고 있다. 그러나 동식물극성이 난형성 시에 모성인자에 의해 생기는 것은 확실하지만 어떻게 하여 생기는가는 알지 못한다. 일반적으로 동식물극성은 난형성의 꽤 빠른 시기에 정해지며, 그것과 일치하는 두미극성도 그 때 정해지나 그 외의 극성은 수정 후, 난할이 진행됨과 함께 서서히 결정되어지는 것이라고도 생각된다. 몇 개의 성게에서 제1난할면과 배복극성과의 관계를 보면, 배복극성은 수정 후 제1난할 전에 정해지지만 수정 전에 정해질 가능성도 있다.

10.2 양서류 배의 극성

개구리나 도롱뇽 알의 동식물극성은 수정 전의 난형성의 이른 시기에 정해지고, 배의 두미극성에 일치한다. 수정하면 정자의 난내침입에 의해 난의 표층회전이 일어나 뉴크프센터가 활성화되어 배복극성이 결정된다. 뉴크프센터는 인접부위의 세포군을 유도하여 슈페만의 오거나이저를 활성화한다. 오거나이저는 신경관형성을 시작으로 하여 배복극성의 시그널 발신의 중심구역으로 작용하여 극성 및 몸의 각 부분의 위치와 방향을 설정한다(그림 6.11 참조). 이러한 극성의 확립에는 연쇄적인 유도가 작용하여 여러 유전자가 관여하나 그것에 대해서는 이미 설명한 유도의 항을 참조하라(9장 2절 참조).

10.3 닭 배의 극성

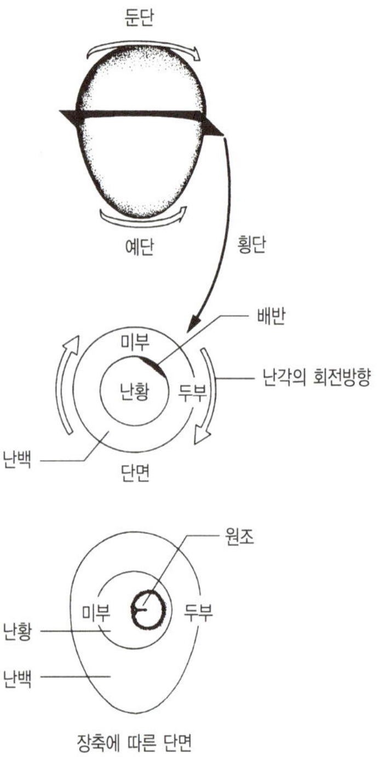

그림 10.6 닭 수란관내에서 알의 회전과 두미극성의 형성

난의 극성부분에서 논의했듯이, 닭의 난세포는 구형으로 동식물극성은 배복극성과 일치한다. 난은 수정하여 수란관 안을 하강하는 사이에 수란관이 분비하는 난백알부민에 둘러싸이고 더욱이 칼슘이 침착하여 난각이 되며, 예단과 둔단의 난형이 된다(그림 6.1 참조).

난은 예단을 앞으로(항문 쪽으로) 향하여 약 5분에 1회전의 빠르기로 회전하면서 수란관을 내려간다. 이 회전은 수란관에 직각으로, 즉 난의 장축을 회전축으로 하여 반시계방향으로 회전하면서 하강한다. 그러나 회전하는 것은 난각과 난백알부민이며, 난황(난세포)은 회전하지 않고 끌어당겨져 다소 경사진 정도이다. 회전축은 난황에 부착하여 있는 알부민이 회전에 의해 탈수농축되어 용해되지 않게 된다. 이것은 **카라자**라 불리고, 난황의 양면에 하얀 오뚝이의 팔과 같은 형태가 된다. 그 팔의 앞은 알부민을 둘러싸는 난각막에 연결되어 있다. 결론부터 말하면, 산란까지의 사이에 수란관 안에서의 회전에 의해 난황(배반)은 조금 기울어지고 그 중력에 의해 **두미극성**이 생긴다(그림 10.6).

이것을 설명한 실험이 있다. 닭의 수란관 안에 있는 알을 꺼내서 예단을 위로 둔단을 아래로 해놓고 닭과 같은 체온의 41℃로 보온하여 후에 배의 방향을 알아보면, 보온한 때의 상하의 방향으로 배가 형성되어 있고, 더군다나, 하측이 두부로 상측이 미부로 된다. 일반적으로 산란된 알을 같은 조건으로 두어도 그렇게 되지는 않는다(그림 10.7A).

또한, 수란관에서 꺼낸 알의 난각을 파괴하여 난백과 난황을 꺼내어 이것을 링거액이 들어간 비이커에 넣어 카라자의 한쪽을 묶어 매단다. 카라자의 아래에는 탄소의 알갱이를 붙여 상하의 방향을 알 수 있도록 해 둔다. 비교를 위하여 산란된 알도 마찬가지로 붙여놓고 양자를 41℃에서 10시간 동안 둔다. 산란된 알은 방향을 바꾸어 보온하여도 배의 위치나 방향은 변화하지 않는다. 즉 산란 시에는 이미 배

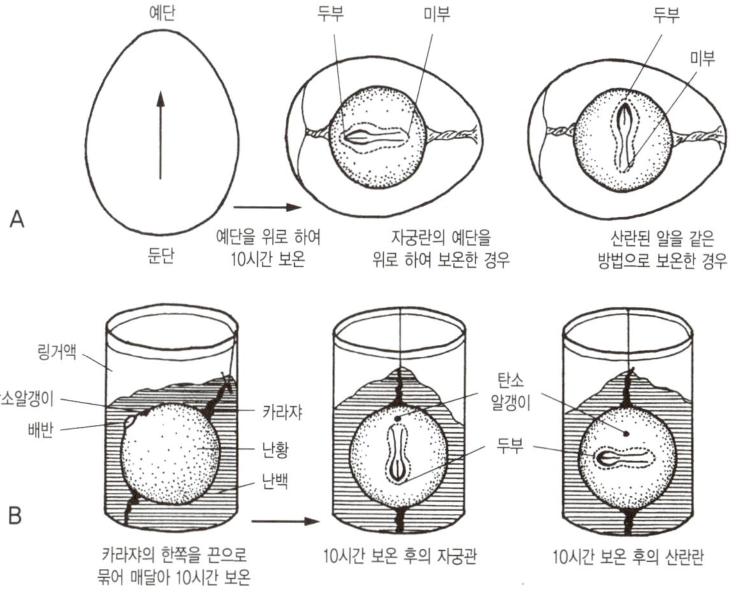

그림 10.7 **닭 배의 두미극성의 형성**

는 장축에 대하여 직교하는 방향을 향하고 있어 매달아도 움직이지 않는다. 수란관에서 꺼낸 알은 배가 서서히 발달하여 상하의 방향으로 길어져 하부에 두부, 상부에 미부가 생긴다. 그것은 난황이나 카라자는 움직이지 않으므로 카라자의 아래에 붙인 탄소 알갱이와의 위치관계에서도 명확하게 알 수 있다(그림 10.7B).

두미극성이 아직 결정되지 않은 알은 회전하지 않아도 난황(배)을 41℃에서 기울여 가만히 두면, 상하에 따라 아래가 두부, 위가 미부가 된다. 따라서 수란관 안의 두미극성의 형성은 알의 회전에 의한 것이 아니라 회전에 의해 생기는 중력에 의한다. 어류의 알도 난황이 많아 조류와 닮았으나 어류에서는 조류와 같은 중력에 의한 극성의 형성양식은 부정적이다.

10.4 초파리 배의 극성

초파리의 알은 수정 전에 모성유전자에 의해 주요한 극성이 정해진다는 것을 설명했다. 두미극성과 배복극성의 확립은 그 후의 배발생에 의하여 모든 유전자 발현에 영향을 주므로, 배나 성체의 형태형성이나 패턴형성의 근간이 된다. 따라서 극성을 결정하는 유전자의 변이나 결손은 몸의 주요한 부분을 잃게 되어, 두부가 없는 배, 미부가 없는 배, 쌍두, 쌍미의 배나 곤충이 된다(그림 10.8). 이러한 배는 발생 도중에 사망한다.

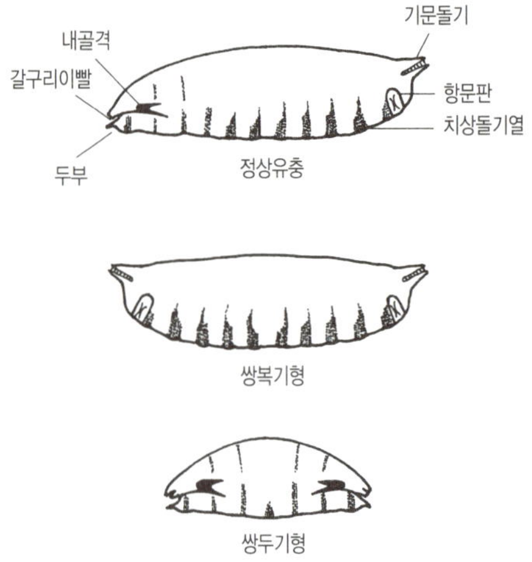

그림 10.8 **초파리의 유전자 결손에 의한 유충의 기형**

정상적인 발생은 난의 극성이 확립되면, 전후(두미)와 배복의 두 극성의 영향하에 수정 후 배발생과 함께 연쇄적으로 차례로 여러 가지 유전자 발현이 일어난다. 두미극성이 정해지면 두부, 복부, 미부의 분절화가 일어나나, 그 각 부분는 배복극성의 지배를 받아 분화한다. 두부는 대악, 소악, 하순 등으로 나뉘고, 흉부는 전흉, 중흉, 후흉으로, 복부는 9개의 환절로 나뉜다. 배의 분절화는 **갭**(gap)**유전자**, **페어룰**(pair-rule)**유전자**, **체절극성**(segment polarity)**유전자**라 이름붙여진 3군으로 나뉜 **분절유전자**군에 의해 일어난다(그림 10.9).

예를 들면, hunchback과 같은 갭유전자는 미수정란 때부터 발현하나, 이것이 결손하면 후에 세포증식이 이상하게 되고 인접한 몇 개의 체절이 결손된다. 페어룰 유전자의 하나인 fushitarazu 유전자는 주로 포배기에 발현하고, 이것이 결손하면, 체절이 반 밖에 되지 않는 유충이 된다. segment polarity 유전자의 하나인

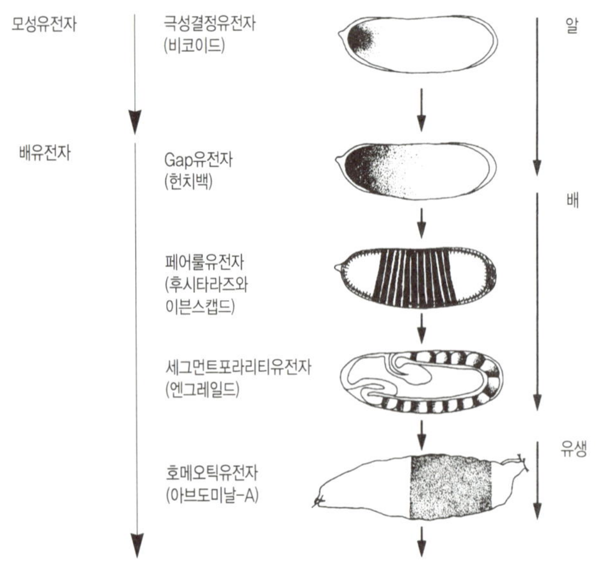

그림 10.9 **초파리 전후(두미)의 체제 구축에 의한 연쇄적인 유전자 발현**

괄호에는 유전자의 예, 발현부위와 발현시기를 나타내었다.

engrailed 유전자는 주로 원장배기부터 발현하고 이것을 잃으면 각 체절의 일부를 잃어 단축된 유충이 된다. 이들 유전자 발현은 시간적으로 조금씩 어긋나 발현되나 서로 영향을 준다. 예를 들어, 갭유전자의 비정상적인 배에서는 그 발현영역에서는 다른 분절유전자는 발현되지 않는다.

이어서, **homeotic 유전자**라는 유전자군이 작용하여 각 분절은 그 부위 특유의 형태로 분화한다. 예를 들어, 전흉에는 한 쌍의 다리가, 중흉에는 한 쌍의 다리와 한쌍의 날개가, 후흉에는 한 쌍의 다리와 한 쌍의 평균곤이 생긴다. 호메오틱유전자는 antennapedia 유전자군과 bithorax 유전자군으로 대별되어 많은 유전자가 보여진다. 전자는 두부, 전흉, 중흉의 분화를 제어하며, 후자는 후흉과 복부의 분화를 제어하고 있다. 예를 들어, antennapedia 유전자가 없으면 두부의 촉각이 변화하여 다리가 되고, 머리에 다리가 생기는 기형이 되어, bithorax의 하나인 ultrabithorax 유전자가 없으면, 후흉의 평균곤이 변화하여 날개가 되고, 4장 날개로 되어 쌍시류라고 할 수 없게 된다(그림 10.10).

루이스는 초기에 사망한 배가 바이토랙스유전자군의 손실에 의하여 중흉과 후흉과 8개의 복부체절의 모두가 중흉의 체절로 되어 있는 것을 알게 되어, 중흉의 체절이 기반이 되어 있다고 생각해서, 다음과 같은 가설을 제창하였다.

모든 체절은 중흉의 체절을 만드는 유전자를 근간으로 되어 있으며 다른 모든 유전자는 제어되고 있다. 후흉에서는 이 외에 제2의 유전자가 발현하여 후흉이 되고, 다음의 복부의 제1마디에서는 제3의 유전자가 발현하고 복부 제2마디에서는 제4의 유전자가 발현한다고 생각된다. 이를 위해 후흉의 유전자가 제어되면, 즉시 그

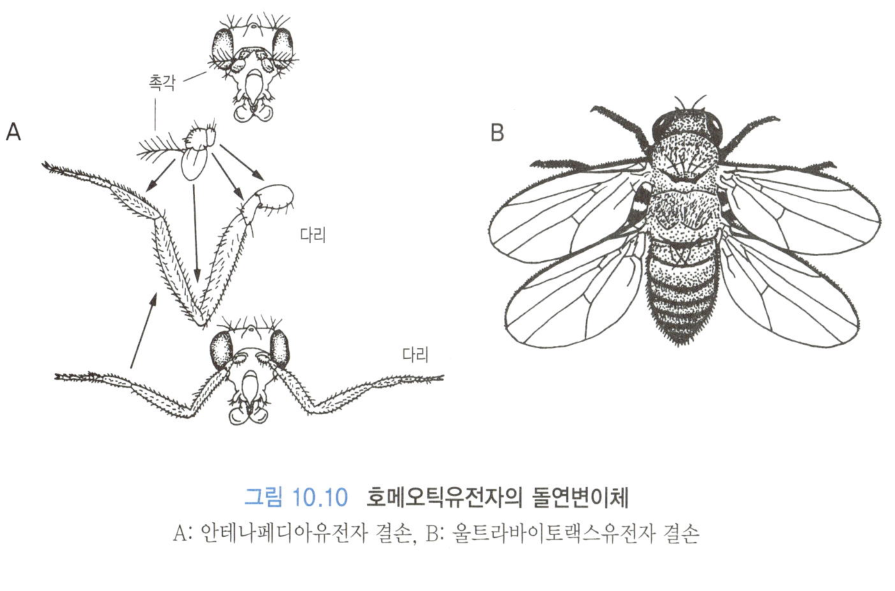

그림 10.10 호메오틱유전자의 돌연변이체
A: 안테나페디아유전자 결손, B: 울트라바이토랙스유전자 결손

전의 체절(이 경우에는 중흉)로 변화한다. 따라서 평균곤은 날개로 변해 4장의 날개로 된다.

또한, 모든 유전자가 억제되면 모든 체절이 중흉이 된다. 이를 위해서는 중흉을 중심으로 한 억제유전자의 구배가 있으며, 그것은 중흉에서 가장 짙고, 복부의 후단에는 옅은 것으로 생각했다. 이러한 억제인자로서 포리콤이라는 유전자의 단백질이 생각되고 있다. 폴리콤단백질이 없으면, 또는 폴리콤유전자의 억제작용이 없어지면, 모든 유전자가 발현하여 흉부와 복부 동시에 복부의 최후단(복부 제8마디)의 체절로 되기 때문이다.

호메오틱유전자는 분절유전자의 영향을 받고, 분절유전자는 모성유전자에 지배되고 있는 것과 같이 유전자의 제어관계에는 흐름이 있고, 말단유전자보다도 모성유전자와 같은 근간이 되는 유전자 쪽이 형태형성에 큰 영향을 주어 생명유지에 위험한 결과를 낳는 것이 된다.

많은 유전자의 구조분석을 해보면, 호메오틱유전자나 분절유전자 등의 DNA의 염기배열 중에 유전자에 공통되는 부분이 있는 것이 보여졌다. 비코이드유전자나 후시타라즈유전자, 안테나페디아유전자 등 많은 유전자 중에 180개 염기의 배열이 공통되어 있다. 이 공통 염기배열의 부분은 **호메오박스**라 이름붙여졌다. 이것에 대응하는 번역산물은 60개의 아미노산이 공통해 있는 이치이며, 이것을 homeodomain이라 부른다. 이 아미노산 배열에는 DNA와 결합하는 배열이 포함되어 있으므로, 이들의 유전자 산물은 DNA 결합 단백질이며, 유전자 발현의 조절인자(전사조절인자)라 생각된다(그림 10.11).

동물	유전자	1																			20
마우스	*Hox-1*	Ser	Lys	Arg	Gly	Arg	Thr	Ala	Tyr	Thr	Arg	Pro	Glu	Leu	Val	Glu	Leu	Glu	Lys	Gln	Phe
발톱개구리	*MM3*	Arg	Lys	Arg	Gly	Arg	Gln	Thr	Tyr	Thr	Arg	Tyr	Glu	Thr	Leu	Glu	Leu	Glu	Lys	Gln	Phe
초파리	*Antp*	Arg	Lys	Arg	Gly	Arg	Gln	Thr	Tyr	Thr	Arg	Tyr	Glu	Thr	Leu	Glu	Leu	Glu	Lys	Gln	Phe
초파리	*ftz*	Ser	Lys	Arg	Thr	Arg	Gln	Thr	Tyr	Thr	Arg	Tyr	Glu	Thr	Leu	Glu	Leu	Glu	Lys	Gln	Phe
초파리	*Ubx*	Arg	Arg	Arg	Gly	Arg	Gln	Thr	Tyr	Thr	Arg	Tyr	Glu	Thr	Leu	Glu	Leu	Glu	Lys	Gln	Phe

유전자	21																			40
Hox-1	His	Phe	Asn	Arg	Tyr	Leu	Met	Arg	Pro	Arg	Arg	Val	Glu	Met	Ala	Asn	Leu	Leu	Asn	Leu
MM3	His	Phe	Asn	Arg	Tyr	Leu	Thr	Arg	Arg	Arg	Arg	Ile	Glu	Ile	Ala	His	Val	Leu	Cys	Leu
Antp	His	Phe	Asn	Arg	Tyr	Leu	Thr	Arg	Arg	Arg	Arg	Ile	Glu	Ile	Ala	His	Ala	Leu	Cys	Leu
ftz	His	Phe	Asn	Arg	Tyr	Ile	Thr	Arg	Arg	Arg	Arg	Ile	Asp	Ile	Ala	Asn	Ala	Leu	Ser	Leu
Ubx	His	Thr	Asn	His	Tyr	Leu	Thr	Arg	Arg	Arg	Arg	Ile	Glu	Met	Ala	Tyr	Ala	Leu	Cys	Leu

유전자	41																			60
Hox-1	Thr	Glu	Arg	Gln	Ile	Lys	Ile	Trp	Phe	Gln	Asn	Arg	Arg	Met	Lys	Tyr	Lys	Lys	Asp	Gln
MM3	Thr	Glu	Arg	Gln	Ile	Lys	Ile	Trp	Phe	Gln	Asn	Arg	Arg	Met	Lys	Trp	Lys	Lys	Glu	Asn
Antp	Thr	Glu	Arg	Gln	Ile	Lys	Ile	Trp	Phe	Gln	Asn	Arg	Arg	Met	Lys	Trp	Lys	Lys	Glu	Asn
ftz	Ser	Glu	Arg	Gln	Ile	Lys	Ile	Trp	Phe	Gln	Asn	Arg	Arg	Met	Lys	Ser	Lys	Lys	Asp	Arg
Ubx	Thr	Glu	Arg	Gln	Ile	Lys	Ile	Trp	Phe	Gln	Asn	Arg	Arg	Met	Lys	Leu	Lys	Lys	Glu	Ile

□는 아미노산 잔기가 같은 곳　　■는 DNA와의 결합부위

그림 10.11 homeobox를 포함하는 5개 유전자의 homeodomain의 아미노산 배열

호메오박스를 가진 유전자는 초파리뿐만 아니라 사람 등의 척추동물을 포함하여 여러 동물에서 보여진다(나중에 설명함). 척추동물은 체절구조를 가지고 있으므로 당연하다고도 할 수 있으나 호메오박스가 사람에 이르는 여러 가지 진화의 과정에서 그다지 변화하지 않고 보존된 배열인 것, 달리 말하면 체절성을 가진 생물의 몸만들기에 뺄 수 없는 중요한 배열이기 때문에 진화과정에서도 변화하지 않고 보존되었다라는 것이 가능하다.

10.5 사람(포유류) 배의 극성

사람을 포함하는 포유류 배의 극성에 대해서는 그다지 잘 알지 못한다. 포유류의 알의 극성에 대해서도 알의 극성부분에서 설명했듯이 그다지 명확하지 않다. 최근 곤충의 호메오틱유전자와 같은 부류의 유전자가 포유류에서도 보여 체절(포유류에서 척추골이나 신경, 근육의 분절구조에 대응)의 형성이나 극성의 확립이 기본적으로 양자 사이에 상당히 닮아 있다고 생각되고 있다.

포유류의 배발생을 추적해보면(그림 10.12), 상실배의 시기에 할구가 한편으로 치우치고, **내세포층**과 그것을 둘러싸는 **영양막세포층**으로 나뉘어 내세포층이 배체가 되고 영양막세포층은 태반의 일부가 된다. 배체의 배복극성은 세포의 상대적 위치에 의해 정해지고, 내세포층이 영양막세포층에 접한 쪽이 배측이 되며, 내부의 포배강에 면하는 쪽이 복측이 된다. 이것은 형태적으로 구별이 되나 배의 전후(두미)극성은 현재 식별되지 않는다. 발생이 진행됨에 따라 명확해짐으로써 어디에선가 정해지겠지만, 태반과 내세포층과의 위치관계가 배의 전후(두미)를 정하는 것은 아닐까하고 추측하고 있다.

유전자 발현의 관점에서 생각해보면, 조류에서는 배반엽 후부의 원조가 늘어나는 기점(**후부주변대, PMZ**)이 양서류의 뉴크프센터에 해당하는 듯하다. 이 부분을 이식하면 새로운 원조가 생긴다(그림 10.13). 또한, PMZ는 양서류의 Vg1 유전자와 유사한 mRNA가 전사되는 것이 보여지고, Vg1 단백질을 배반에 이식하면, 새로운 원조가 형성되는 것도 알려져 있다. 게다가, 원조의 선단부의 결절(조류의 헨젠결절)이 양서류의 오거나이저에 해당하는 듯하다. 양서류의 오거나이저에 있는 구스코이드유전자, 노달유전자 등의 단백질이 포유류의 원조형성에 필요하며, 이들의 유전자를 잃으면 원조나 배의 두부가 형성되지 않는다. 이들은 포유류 배의 전후의 형성에 필요하나, 배의 후부형성에는 브라큐리(T)유전자의 단백질이 필요하다. T 유전자를 잃으면 배의 후부의 극성이 결여된 기형이 된다.

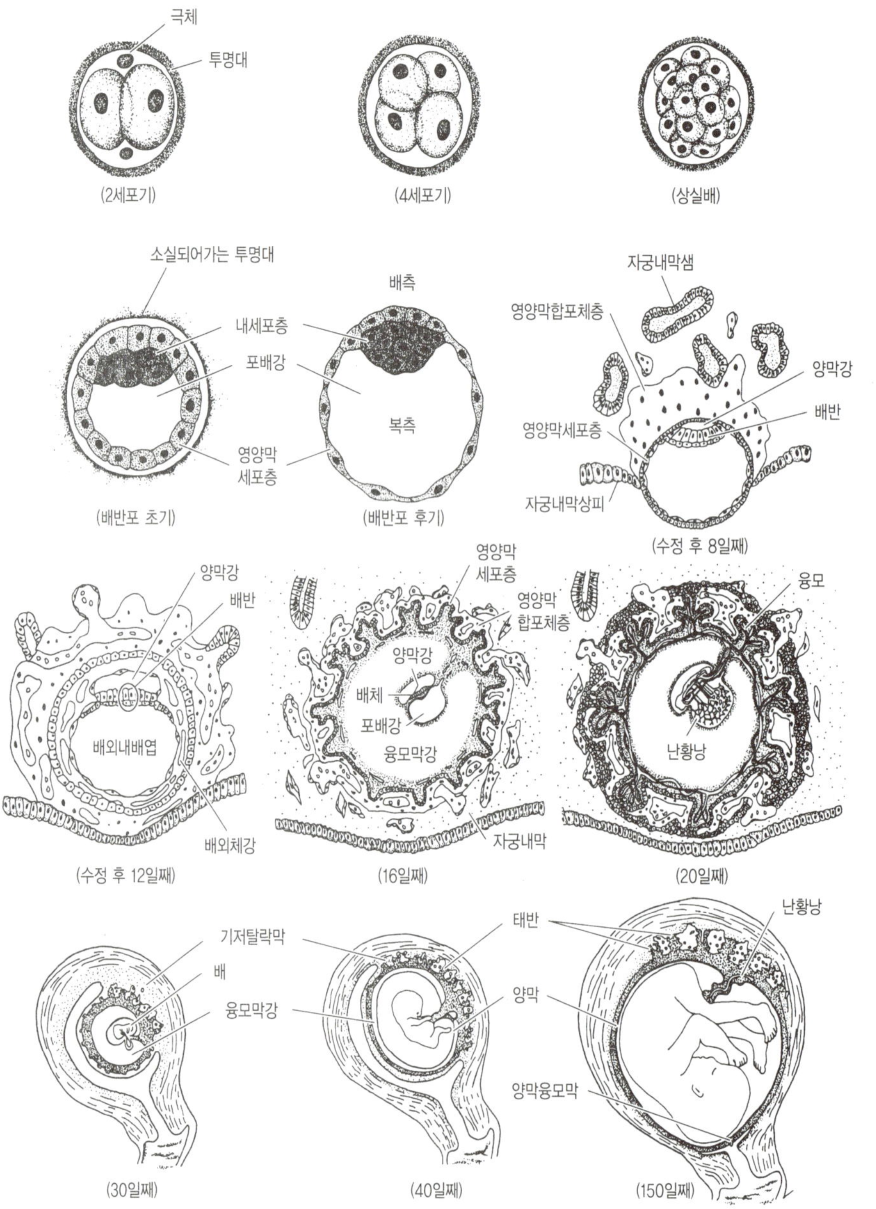

그림 10.12 **사람의 발생 개략도**

초파리를 다룬 부분에서 설명한 호메오틱유전자군은 HOM-C(호메오틱유전자복합체)라 불리고, 초파리의 제3염색체에 일군의 클러스터를 형성하여 두부, 흉부, 복부를 형성하는 유전자군이 차례로 배열되어 있다. 포유류에도 같은 유전자가 보여지는데, 마우스에서 ***Hox* 유전자**, 사람에서 ***HOX* 유전자**라 표기되어 있다. *Hox 유전자*에는 a부터 d의 4군의 유전자군이 있으며, 각각 13개의 유전자가 차례로 배

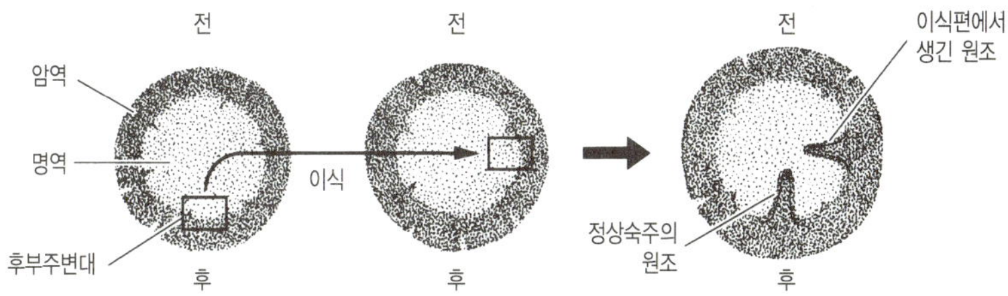

그림 10.13 조류(닭)의 후부 주변대의 이식에 의한 원조의 형성

열하여, 후뇌에서 척수에 이르는 뇌와 체절의 발현을 제어하고 있다(그림 10.14). 따라서 몸의 전후에 따라 각 부분의 형성에 관하는 유전자이므로 전후극성의 확립에 필요한 유전자이다. 물론 이들 유전자는 호메오박스를 가지고 있는 유전자이다.

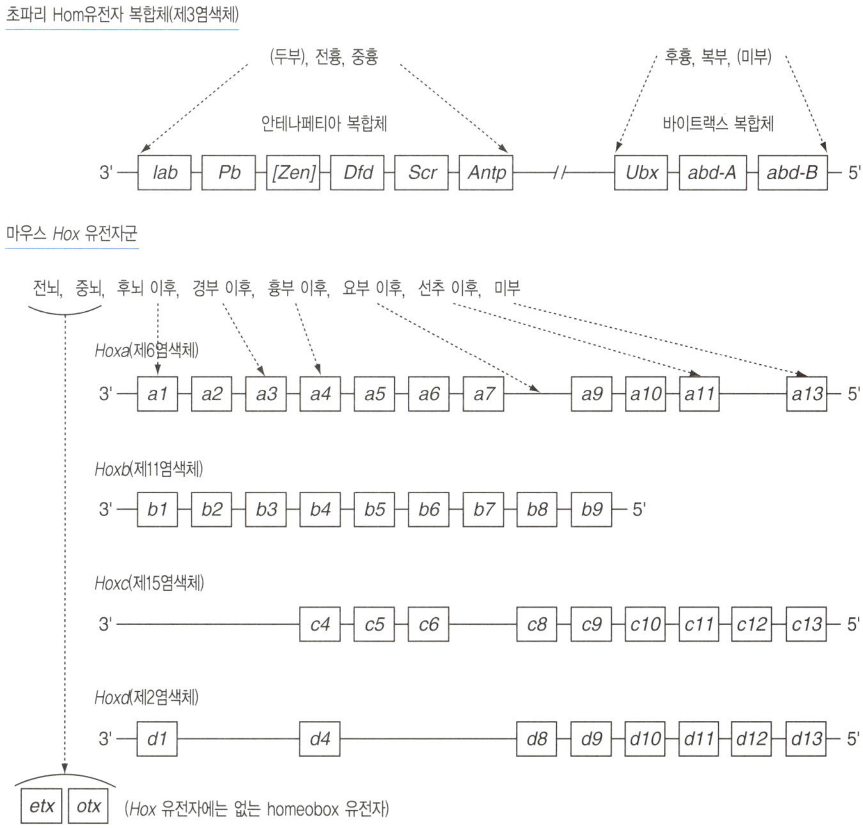

그림 10.14 전후(두미) 극성에 따라 발현하는 homeobox 유전자

후뇌이후 등이라는 표현은, 앞부위에서는 강하게 발현하나 그보다 뒷부분에서는 약한 발현이 있다는 의미이다. 예로 경부 이후에서 a3, b3 등이 경부에서는 강하게 발현하고 보다 뒷부위에서도 약하게 발현한다. 또 a~d의 같은 번호의 유전자는 염기배열이 닮아 있다.

여기서 설명한 유전자는 포유류 배의 전후(두미)가 결정된 후에, 각 부분이 구체적인 두부, 흉부, 복부를 확립할 때에 전사인자를 만드는 유전자이므로 전후극성의 확립에는 뺄 수 없는 유전자이나, 자세한 부분에 대해서는 앞으로의 진전된 연구를 진행해야 하며, 배의 최초의 전후극성이 어떻게 생기는가는 알지 못한다.

읽을거리 10. 좌우비대칭성

전후(두미) 극성과 배복극성의 2개가 결정됨에 따라 동물은 질서정연한 좌우대칭의 몸이 된다. 많은 동물의 적어도 외형은 좌우대칭이다. 그러나 성게원기가 플루테우스 유생의 좌측으로 되는 것처럼 특히 척추동물의 내장은 좌우비대칭이다. 사람의 심장은 왼쪽에, 간은 오른쪽에 있다.

좌우 비대칭성의 현저한 예를 들어보면 무척추동물에서는 앞서나온 성게처럼 성게원기만은 아니고 극피동물은 변태시에 체축이 90° 변화하는 것으로 알려진 것처럼 유생의 체제는 비대칭이다. 또, 권패류는 나선난할로 좌우되어 성체로 되기 직전에 몸이 비틀림이 생겨 권패로 된다. 척추동물의 내장은 모두 비상칭인데 현저한 예로서 넙치와 가자미의 변태를 들 수 있다. 특히 눈이 한쪽으로 치우쳐 몸의 한쪽 측면을 위로 향하고 해저에 눕는다. 조류에서는 공중을 날기 위해 진화한 것인가? 암컷의 난소와 수란관은 오른쪽이 퇴화해 좌측만 발달한다. 양서류에서는 유생(올챙이) 때부터 장관은 비틀려져 몸의 좌측에만 호흡공이 있다.

사람 같은 포유류에서는 심장이 왼쪽에 간이 오른쪽에 있는 것만이 아니고 폐도 오른쪽이 크고 위와 소장은 왼쪽에서 오른쪽으로, 대장은 오른쪽에서 왼쪽으로 비틀려져 있다. 그들에 부속하는 췌장과 담낭도 마찬가지이다. 그들의 좌우비대칭성은 종에 따라 모두 같은 규칙성을 가지고 있는 것을 생각하면 그것을 지배하는 유전자의 존재가 생각된다.

사람 1만 명에 한 명의 비율로 내장역위가 일어남이 알려져 있다. 이 경우에 두 개의 유전자 변이가 있다. 하나는 *iv*라 하는 유전자로 그 결손으로 기관배열의 규칙성을 잃는다. 심장은 심실과 심방을 만들 때 비틀림이 일어나나 이 비틀림의 방향이 거꾸로 된다. 그러나 비장의 위치와 위의 비틀림은 정상이므로 *iv* 유전자의 결손을 내장 전체의 규칙적인 극성의 통일성을 잃게 된다. 정상에서는 *iv* 유전자는 내장의 극성의 통일성을 유지한다. 또 하나의 유전자로서 알려진 *inv* 유전자는 그 결손으로 모든 내장의 역위를 일으킨다. 즉 거울에 비치는 이미지와 같은 내장역위로 된다. 생명유지의 관점에서는 전자의 영향이 크다.

최근 마우스에서 *lefty*와 *nodal*이라는 두 개의 유전자가 발생시기에 중배엽의 좌측에만 발현하는 것이 보여져 좌우의 차이를 형성하는 원인으로 되는 유전자로 생각되고 있다. 이들 유전자는 *inv* 유전자변이체에서는 중배엽의 오른쪽(정상의 반대)에만 발현하고 *iv* 유전자변이체에서는 개체에 따라 정상, 역위, 결손 등 불규칙한 발현이 된다. 결국, *iv*나 *inv* 유전자 발현은 *lefty*와 *nodal*의 발현에 선행한다.

또 *pitx 2*라는 호메오도메인을 가진 전사인자를 만드는 유전자는 *Shh*(소닉헷지호그)와 *nodal* 유전자의 시그널(단백질)에 조절되어 발현하고, 좌우비대칭성을 마드는 직접적인 유전자인 것이 보여졌다. 닭의 배에서는 좌우비대칭성의 발현에 하나의 흐름(카스케드)이 보여진다. 액티빈 *β*B는 발생초기에 배의 오른쪽에 발현하고 그 수용체(cAct-RIIA)의 오른쪽으로의 발현을 유도한다. 그것에 따라 *Shh*과 *nodal*의 좌우대칭인 발현이 흩트려져(우측의 발현이 억제되어), *Shh*와 *nodal*은 좌측에 발현하게 된다. 그것에 조절되어 다소 늦게 *Pitx2*가 측판 중배엽의 왼쪽에 발현하고 잇달아 심장형성의 사이 왼쪽에 발현하고, 장관에서 소장이 형성되는 사이도 왼쪽에 발현하고 있다. 실험적으로 *Shh*나 *nodal*을 오른쪽에 발현시키면 *Pitx2*도 오른쪽에 발현한다. 또 *Pitx2*의 발현이상은 심장의 배열의 이상을 일으킨다. 그러나 대칭적으로 형성되는 지아(肢芽)에서는 좌우에 발현하고 좌우의 사지의 근육을 만든다.

*Shh*나 *nodal*의 발현은 발생초기에 일시적이지만 *Pitx2*의 발현은 기관형성 중 잇달아 발현하고 *Shh*나 *nodal*에 조절된 직접적인 좌우비대칭성을 형성하는 전사인자를 만드는 유전자라 말한다. 이 같은 카스케드는 개구리와 쥐의 배에서도 보여지고 동물에 공통되는 내장의 비대칭성과 유전자적인 공통성에서부터 이들의 유전자는 진화적으로도 잘 보존된 유전자라고 생각된다. 위에 설명한 무척추동물의 좌우비대칭성에 관해서는 권패류의 비틀리는 방향의 유전(읽을거리 7)을 제외하고 분자적인 방법은 잘 알려져 있지 않다.

제 11 장

기관형성

세포가 난할에 의해 늘어나 분화하여 모여 형태형성운동이 시작되어 원장배, 신경배를 거쳐 3개의 배엽을 형성하면, 이것들의 배엽이 짜여 기관원기가 생긴다. 이윽고, **외배엽**에서는 피부의 표피(상피조직)이나 뇌, 척수 등의 신경조직, 일부의 기관의 결합조직이나 근조직이 생긴다. **중배엽**에서는 피부의 진피, 척추골, 신장, 생식기관, 체표를 덮는 대부분의 근육과 결합조직, 내장의 모든 기관의 근조직 등이 생긴다. **내배엽**에서는 갑상선, 폐, 소화기관, 방광 등의 상피조직이 생긴다.

이들의 **기관형성**에는 두 개의 큰 원칙이 지배하고 있다고 생각된다. 그것이 극성과 유도이며, 거기에 세포 이동이나 세포 접착 등 여러 가지 유인이 얽히어 세포 간 또는 조직 간의 상호작용의 결과, 유전자 발현을 유발하여 세포분화를 결정하는 것이라 생각된다.

기관 원기의 일부의 형성과정에 대해서는 이미 언급하였다. 예를 들면, 소화관의 원기인 원장이나 뇌, 척수의 원기인 신경관이나 근육 등을 만드는 체절이나 측판 등은 몸을 두부에서 미부를 향해 일정한 규칙성을 가지고 분화하여 배열하는 것이며, 그 외의 많은 조직이나 기관도 몸 안에 소정의 위치를 정하여 기관의 상호관계를 유지하고 있다. 이러한 질서정연한 규칙적인 조직, 기관의 배열이나 전체로서의 패턴의 형성은 이미 설명한 배의 3개의 극성이 없다면 성립하지 않는다. 세포가 어떻게 하여 이 극성을 인식하여 조직, 기관의 위치나 형태, 크기, 방향 등을 결정하고 있는 것일까? 기본적으로는 물질의 농도구배와 같은 정보를 인식하여 위치정보(읽을거리 6)으로서 이용하고 있으나, 위치정보에는 3개의 방향이 있어 그것에 촉진적인 정보나 억제적인 정보가 가해지므로 단순하게 해명되지 않는다.

또 하나의 중요한 유도에 대해서도 이미 언급했으나 기관형성은 3개의 배엽이 짜여져 생기므로 짝이 되는 배엽이 인접하는 배엽에 관여하는 영향은 크다. 이러한 유도능이 가장 큰 것은 중배엽이다. 예를 들면, 외배엽의 표피에 날개가 생기는지, 비늘이 되는지, 털이 생기는지, 발톱이 생기는지 등은 그 부위에 있는 중배엽에 의존하며, 내배엽의 소화관의 상피가 위가 되는지, 장이 되는지도 그 부위의 중배엽에 의존한다. 유도능을 가지는 것은 중배엽에만 국한되지는 않는다.

표 11.1 사람 배의 삼배엽 분화

- 배반포
  - → 영양막세포층 → 영양막합포층 → 배반의 일부
  - → 내세포층
    - → 배반엽 하층 → 배외내배엽 → 난황낭내배엽 → 난황낭 → 배외중배엽
    - → 배반엽 상층
      - → 양막(외배엽)
      - → 배성배반엽 상층
        - → 배의 외배엽
        - → 원조
          - → 배의 내배엽(요막내배엽 포함)
          - → 배의 중배엽(척색을 포함)

표 11.2 외배엽 유래의 세포, 조직, 기관

- 외배엽
  - → 표피역
    - → 표피 → 깃, 털, 발톱, 땀샘, 젖샘, 피지샘
    - → 후상피, 수정체, 각막상피, 외이, 내이
    - → 구함, 항함
    - → 양막의 내막, 장막의 외막
  - → 신경역
    - → 신경관
      - → 전뇌
        - → 종뇌 → 대뇌
        - → 간뇌
          - → 안포 → 망막, 시신경
          - → 상생체(송과체)
          - → 누두 → 신경뇌하수체
      - → 중뇌
      - → 능뇌
        - → 후뇌 → 소뇌, 교
        - → 수뇌 → 연수
      - → 척수, 운동신경
    - → 신경제
      - → 신경세포
        - → 감각신경절
          - → 일부 뇌신경절
          - → 척수신경절
        - → 자율신경절
          - → 교감신경절
          - → 부교감신경절
      - → 신경지지세포
        - → 신경절내교세포
        - → 슈반세포
      - → 색소세포
      - → 내분비세포
        - → 부신수질세포
        - → 칼시토닌 생산세포
      - → 간충직성외배엽
        - → 얼굴이나 목의 일부 근육
        - → 일부 결합조직

표 11.3 중배엽 유래의 세포, 조직, 기관

- 중배엽
  - 척색 → 나중에 퇴화
  - 체절
    - 피절 → 배측 피부의 진피
    - 근절 → 배측과 사지의 근육
    - 경절 → 척추연골 → 척추골
  - 신절
    - 전신
    - 중신
    - 후신
    - 전신수관, 중신수관(볼프관), 수뇨관, 정낭, 수정관
  - 측판
    - 체벽판중배엽
      - 복측 피부의 진피
      - 사지의 결합조직, 힘줄
      - 생식선피질, 부신피질, 뮬러관, 수란관, 자궁, 질상부
      - 직복근, 횡격막근, 흉근, 대부분의 피부근
    - 내장판중배엽
      - 체강상피, 장관막
      - 소화관, 폐, 간, 방광, 요도 등의 결합조직
      - 소화관, 심장, 방광, 요도 등의 근조직
  - 내피
    - 심내막
    - 혈관의 내벽
  - 배막
    - 장막의 내막
    - 양막의 외막
    - 난황막의 외막
    - 요낭의 외막

표 11.4 내배엽 유래의 세포, 조직, 기관

- 내배엽
  - 전장상피
    - 새낭
      - 이관 · 중이의 상피
      - 부갑상선, 흉선, 후새체의 상피
    - 인두
      - 악하선, 설하선의 상피
      - 갑상선의 상피
      - 기관의 상피 → 폐의 상피
    - 식도 · 위 · 간의 상피
  - 중장상피
    - 췌장상피
    - 십이지장상피
    - 소장상피
  - 후장상피
    - 맹장상피
    - 대장상피
  - 요낭상피
    - 방광상피
    - 요생식동상피 → 전립선상피(수컷), 질하부상피(암컷)
    - 요도상피 → 요도샘
  - 난황낭의 내막

11.1 삼배엽에서의 기관형성

성게나 양서류의 배에 대해서는 배엽의 분화에 항에서 언급했으므로 여기서는 포유류, 특히 사람(다른 포유류, 조류에서도 유사하다)의 배엽의 분화와 각 배엽에서 어떻게 기관이 생기는지를 나타내는 것으로 한다(표 11.1~4).

11.2 중배엽에 의한 유도와 극성

중배엽은 위의 표에 있는 것처럼 여러 가지로 분화하나 그것은 주로 극성이나 인접하는 조직 사이와의 상호작용이 깊이 영향을 받는다고 생각된다. 여기서는 기관형성에 즈음하여 중배엽이 외배엽과 내배엽의 분화에 어떤 영향을 주는가를 생각해 보자.

여기에서는 하나 혹은 두 개의 예를 보이는 것에 그치지만 대부분이 기관형성에 있어서 유사한 때로는 복잡한 유도 혹은 상호작용이 세포분화를 제어하고 있다고 생각된다.

피부의 분화 : 피부는 위의 표에서 알 수 있는 것처럼 외배엽 유래의 표피와 중배엽 유래의 진피로 만들어진다. 피부는 결합조직과 근육으로 분화하고 거기에 외배엽 유래의 신경섬유나 색소세포가 들어간다. 표피는 진피를 향해 땀샘, 젖샘, 지방샘 등을 분화시키나, 몸의 부위에 따라 털이나 손톱을 만든다. 동물에 따라 비늘이나 깃털이나 발굽을 만드는 것은 표피이다. 경골어류의 비늘은 진피 유래이고, 같은 피부에서도 기원이 다르다.

여기에서는 닭의 등의 피부의 깃털과 다리피부의 비늘의 형성을 관찰해 보자(그림 11.1).

표피는 기저막을 사이로 끼여 진피와 밀착해 있다. 부란 5일경, 아직 형태형성이 일어나지 않은 배의 피부절편을 콜라겐 분해효소로 처리하면 기저막이 녹아 표피와 진피를 분리할 수 있다.

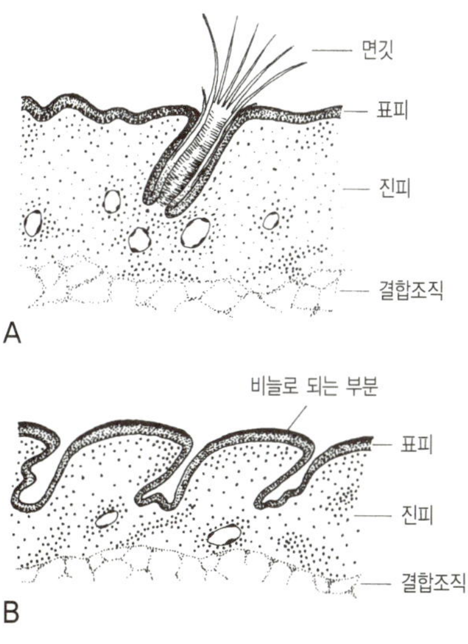

그림 11.1 **조류 피부의 모식도**
A: 등의 피부, B: 다리의 피부

이 표피를 뒤집어 진피와 접착시켜 혈청 중에서 배양하면 정상피부가 된다. 이것은 표피(상피) 세포의 내외가 역전해 있을 이유이지만 원래의 내면이 외측으로 되고 표면이 케라틴화 된다. 결국 진피에 접착 쪽이 내면이 되고 표피세포의 내외의 극성은 진피에 의해 결정된다. 등의 피부에는 이윽고 깃털이 돋아나지만 표피의 전후를 방향을 거꾸로 해 진피와 접착해 배양하면 깃털원기의 돌출은 앞으로 향하게 (역방향) 된다. 피부의 전후극성은 표피를 결정하고 진피는 관계하지 않는다.

닭의 깃털이 돋아나는 등피부에서 진피를 분리하여 비늘이 되는 다리의 피부에서 진피를 분리하고, 어느 쪽으로도 될 수 없는 양막의 외배엽에 접착해 배양하면 등의 진피와 접착한 외배엽에는 깃털이 생기고 등피부로 분화하며, 다리의 진피와 접착한 외배엽에는 비늘을 만들어 다리의 피부로 된다. 결국, 피부의 방향은 표피로 결정하지만 그것이 어느 부분의 피부로 되는가는 중배엽의 진피의 유도에 의한 것이다. 이때 등의 표피에는 깃털 케라틴이, 다리의 표피에는 비늘 케라틴이 합성되므로 케라틴을 합성하는 표피세포의 유전자 발현도 진피의 유도로 지배된다. 유전자 발현은 다소 복잡하며, 닭의 등표피에 마우스의 등진피를 조합시킨 실험이 있다. 이 경우에는 마우스의 등진피는 닭의 표피에 마우스의 털을 자라게 하는 것은 불가능해도 표피에는 깃털을 만든다. 진피는 그것이 있던 장소(극성)에 따라 표피를 유도하지만 유전자 발현에서는 본래 그 표피를 가진 동물 종의 유전자가 유도된 극성에 따라 발현한다고 이해되고 있다.

신장의 형성 : 신장은 중배엽인 신절(중간 중배엽)에서 만들어진다. 배의 횡단면에서 보면 체절과 측판의 사이에 위치하는 중배엽으로, 몸을 따라 내려가는 종단면에서는 체절과 측판에 끼여 있는 앞부분에서 후부로 향해 신장하고 있다. 신절의 앞부분은 앞신장역으로 중간부는 중신역 최후부는 후신역이다. 발생의 시기와 동물 종에 의해 다른 분화를 한다. 원구류, 어류 및 양서류의 유생에서는 전신의 분화해 배설기관으로서 기능을 하나, 어류나 양서류에서는 유생시기를 거치면 중신역의 중배엽이 분화해 중신이 발생하고 전신은 기능을 잃고 퇴화한다. 중신이 평생의 배설기관으로서 기능한다. 파충류, 조류, 포유류에서는, 전신은 일시적으로 나타날 뿐으로 퇴화하고 중신이 배설기관으로서 기능하게 되나 보다 더 후방의 후신역에서 후신이 발생하고 기능을 영위하게 되면 중신은 퇴화하고, 후신이 영구신장으로서 기능한다(그림 11.2).

신절은 중배엽성의 간충직세포의 모임이지만 이 세포괴는 체절에 따라서 체절의 수만큼 분절하고, 최초 전신역의 간충직세포의 모여 상피 모양으로 되고 관을 만든다. 이것이 전신세관으로 전신세관은 서로 융합해 전신관으로 되고 체절의 하단을 따라서 후방으로 신장하며 총배설강에 도달한다. 전신관의 후방으로의 신장은 자

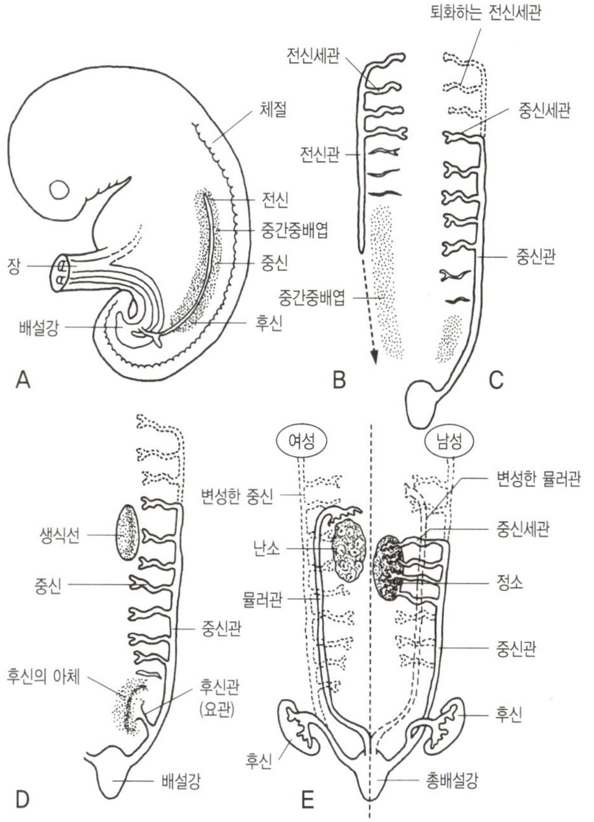

그림 11.2 사람 신장의 분화

A: 중간중배엽과 전신, 중신, 후신의 각 예정구역, B: 전신관의 신장, C: 중신의 형성, D: 후신형성 초기, E: 성분화 후의 비뇨생식기계

율적으로 신관원기(신절)의 위치에 의존한다고 생각된다. 그것은 신경관시기(꼬리치레도롱뇽)의 배를 사용한 실험에서 증명되었다(그림 11.3).

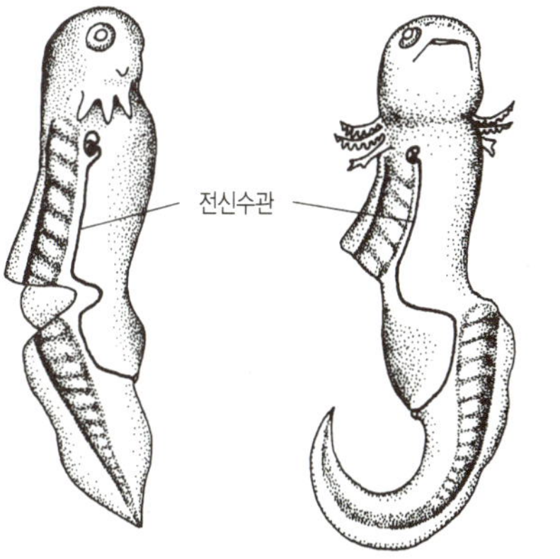

그림 11.3 꼬리치레도롱뇽 전신수관의 신장

좌: 신경관 시기에 전신수관이 뻗어 있는 부위에 잘린 눈을 넣은 경우, 우: 신경관 시기의 배를 잘라 배복방향을 거꾸로 하여 배양한 경우

전신관을 중신이 생기면 중신관으로서 남고, 후신이 생기면 중신관은 수란관으로서 기능을 하고 총배설강에 연락하는 최후단부는 후신의 요관으로서 남는다.

후신은 후신역의 간충직세포의 유도와 상피화에 의해 형성된다. 중신관의 후신역에서는 관이 출아해 **요관아**(尿管

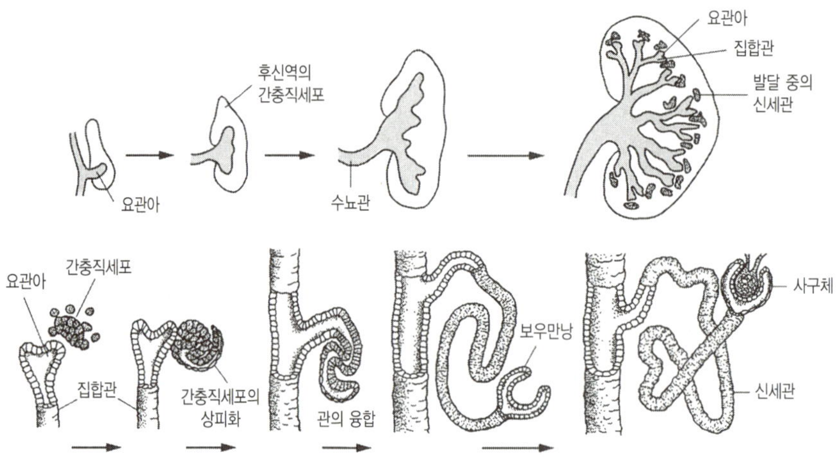

그림 11.4 **후신의 형성**

상: 후신(신장)의 발생, 하: 집합관 선단부 = 요관아와 간충직세포의 분화

芽)라 불려진다. 한편으로는 후신역의 간충직세포는 모여 상피화하고 관으로 되어 신세관원기로 된다. 요관아와 신세관원기와는 상호 유도에 의해 발달하고 이 중 어느 쪽이 부족해도 후신은 생기지 않는다. 간충직세포는 요관아의 신장(길게 뻗음)과 분지를 유도하고, 요관아는 간충직세포를 신세관으로 분화시킨다(그림 11.4).

간충직세포에서는 *Pax 2* 유전자와 *WT1*이라는 유전자의 발현이 알려지고, FGF-2, BMP-7, Wnt-4 등의 단백질의 관여가 생각되고 있으나 기본적으로 후신역의 간충직세포가 내재적으로 분화능을 가져, 소위 허용적 유도(잠재적인 분화능이 있고, 적절한 자극에 의한 자율분화)에 의한 신세관으로 분화하는 것은 아닐까? 라고 생각되어진다. 한편에서는 간충직세포의 특이적인 단백질의 출현이, 그 단백질에 대한 수용체를 가진 요관아의 성장과 발달을 유도한다고 생각된다.

신세관은 한쪽에서는 요관아와 연락하고 다른 한쪽에서는 사구체를 둘러싸는 보우만주머니로 되어 네프론 단위를 형성하나 이 사이에 세포외기질도 변화한다. 간충직세포는 콜라겐 I을 분비하지만 상피세포로 분화하면 콜라겐 II나 라미닌을 분비하는 것으로 되고 인테그린도 생산된다. 또, 간충직세포는 접착인자로서 N-CAM을 발현하고 있지만, 상피세포나 관으로 되면 E-카드헤린을 발현하게 된다.

11.3 사지의 형성

사지의 형성도 또 극성과 유도에 지배되고 있다. 사람의 몸에 두미, 배복, 좌우(기부말단)의 극성이 있는 것처럼 그 일부인 손(전지)을 보아도 두미(엄지손가락 →

새끼손가락), 배복(손등 → 손바닥), 기부말단(팔 → 손가락 끝)의 극성이 있다(그림 11.5). 사지(손과 다리)는 이 극성을 바르게 인식해 형성된다.

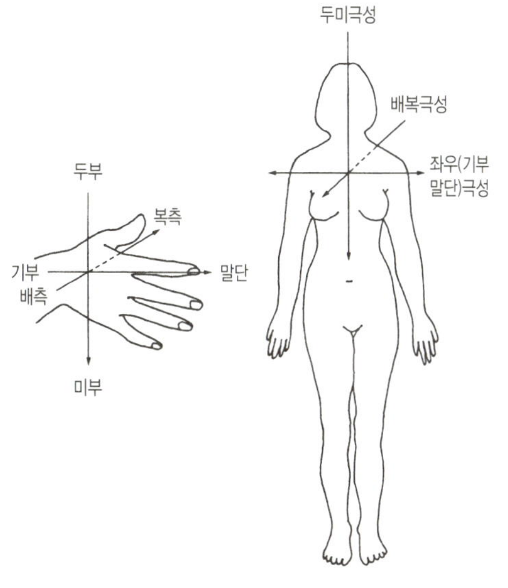

그림 11.5 몸의 3가지 극성

사지는 측판 중배엽이 체벽판의 간충직세포가 표피 내측의 전후좌우 4곳에 모여 **지아**(肢芽)를 형성하고 각각 전지, 후지로 된다(그림 11.6). 사지의 극성은 꽤 일찍부터 결정되는 듯하고, 아직 지아가 생기지 않은 시기에 사지의 예정역의 중배엽을 극성을 바꾸어(회전해서) 가슴에 이식하면, 이식된 숙주의 극성이 아닌 이식편의 극성에 따라 다리가 생기므로 사지의 극성은 지아가 생기기 전에 결정되어 있는 것을 알 수 있다(그림 11.7).

사지의 전지와 후지가 몸의 바른 위치에 생기는 것은 배의 극성의 부분에서 설명한 *Hox* 유전자 발현과 FGF의 작용에 의한 것 같다. FGF-4를 닭의 옆구리에 주입하면, 거기에 전지아(익아, 翼芽)가 생기고, 옆구리의 후부에 주입하면 거기에 후지아가 여분으로 생기는 것이 그 근거이다. *Hox* 유전자의 종류에 의해 앞 혹은 뒤가 규제되고, FGF에 의해 간충직세포의 집합과 지아형성이 일어난다고 생각된다.

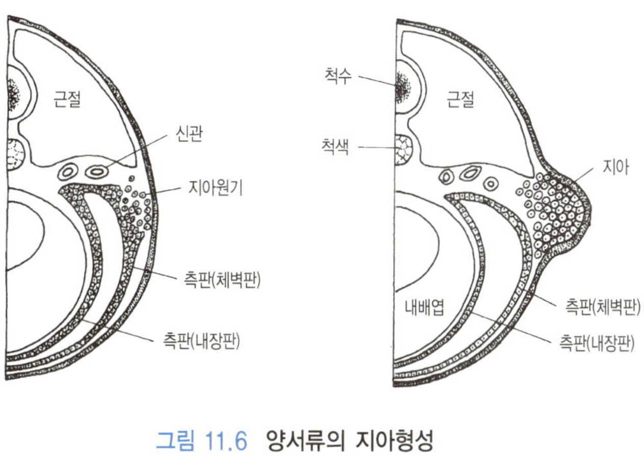

그림 11.6 양서류의 지아형성

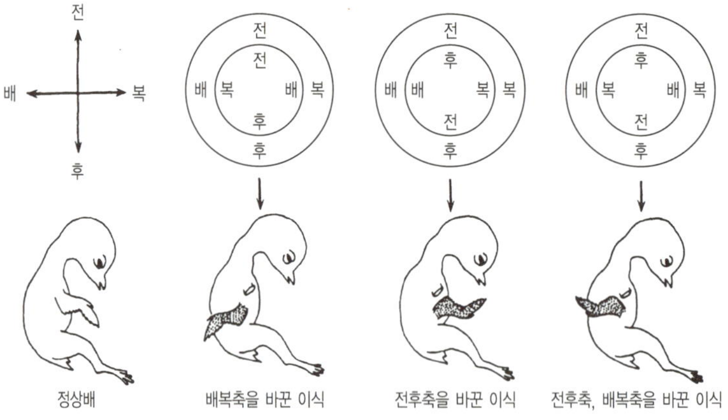

그림 11.7 닭 배의 전지아를 회전하여 이식한 경우의 극성

큰 원은 숙주 전지아 예정역의 극성, 안쪽의 작은 원은 이식편 전지아 예정역의 극성

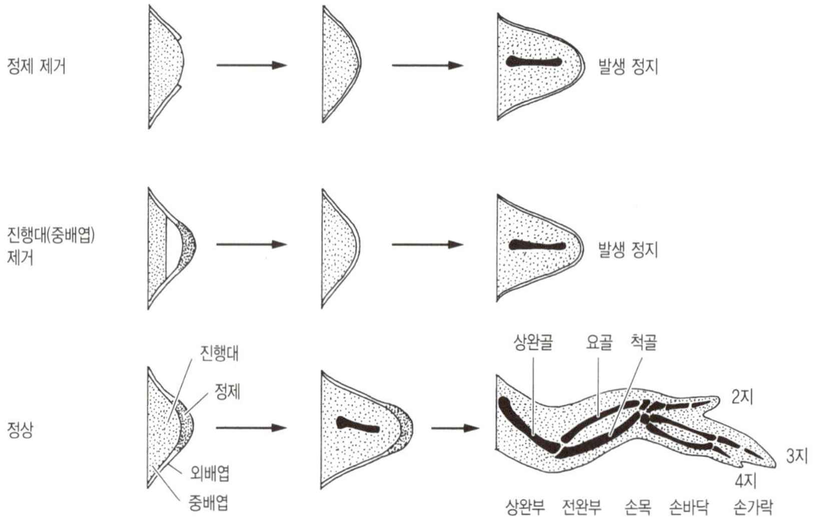

그림 11.8 닭의 전지형성

지아의 발달도 극성에 따른다. 지아는 측판 중배엽에서 간충직세포가 모이고 그곳에 근절에서부터의 간충직세포도 늘어나 외배엽성의 표피와 함께 돌출한 것이다. 지아의 선단 외배엽은 두터워져 **정제**(頂堤)로 부른다. 외배엽성의 정제와 그 속의 중배엽과는 상호 의존적인 유도관계에 있고, 어느 쪽이 결여되어도 안 되며, 지아의 발달에는 양자의 공존이 필요하다. 지아의 중배엽은 정제의 유도능을 유지하고 정제는 중배엽의 분화를 유도한다.

정제의 바로 내측의 중배엽은 **진행대**(進行帶)로 불리우고 분화를 억제시킨 미분화의 중배엽세포이다. 지아의 발달과 신장에 따라 정제의 지배에서 벗어난 세포는

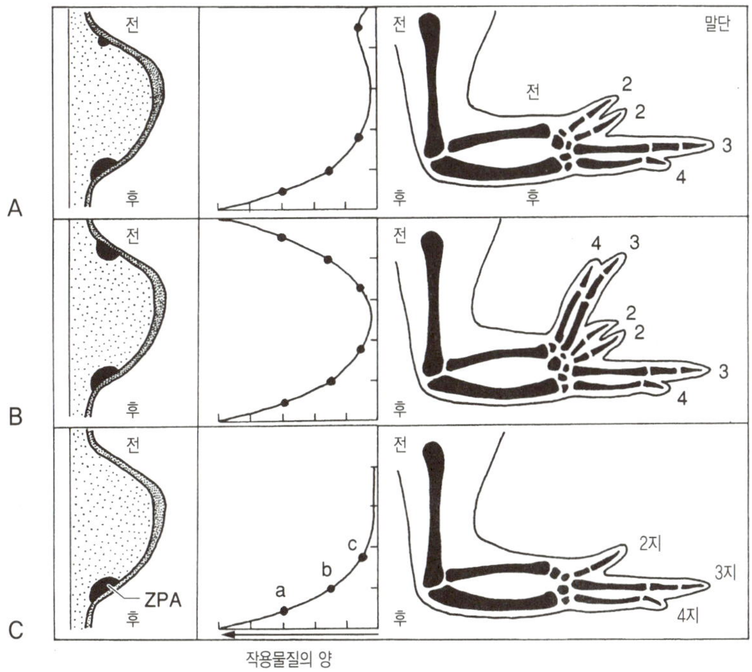

그림 11.9 극성중심(ZPA)의 작용

A: ZPA 세포의 일부를 앞부분에 이식한 경우, B: 다량의 ZPA 세포를 이식한 경우, C: 정상(이식하지 않은 경우)
a: 4지 형성에 필요한 양, b: 3지 형성에 필요한 양, c: 2지 형성에 필요한 양

모여 결합조직, 힘줄, 연골, 근육 등의 조직으로 분화한다(그림 11.8). 이 분화의 시그널의 하나가 FGF이고 지아의 발달에 필수인자이다. 그 영향하에서 시간을 따라 순서로 상완, 전완, 손, 손가락의 생기나, 이 때의 근육, 힘줄, 연골의 분화는 자율적 분화이다. 이 같은 다리의 형성과정으로 기부말단 극성은 정제에서 벗어난 시기에 의존하고 정제가 이 극성을 결정한다.

닭의 전지(날개)에는 3개의 발가락이 있고, 다른 동물의 전지와의 비교에서 앞에서부터 순서로 2지, 3지, 4지로 이름이 붙여지고 전지의 전후의 방향을 잘 알 수 있다.

지아의 후부의 기부에는 **극성중심**(ZPA)으로 불리어지고 전후극성을 결정하는 중요한 부위가 있다(그림 11.9). ZPA을 지아의 앞부분에 이식하면, 전후로 상칭적인 중복발가락이 형성되고 이식한 세포수가 많을수록 후부의 발가락이, 적으면 앞부분의 발가락이 형성되므로 후부의 ZPA에서 앞부분으로 향해 농도구배를 만들어 분포하는 몰포겐의 존재가 생각되었다. 그 하나로 레티노인산이 있다. 레티노인산은 ZPA에 가장 진하고 전방으로 향해 옅게 되고 앞부위에 레티노인산을 주입하면 ZPA 이식과 같은 중복발가락을 만든다. 그러나 나중에 레티노인산은 소닉헷지호

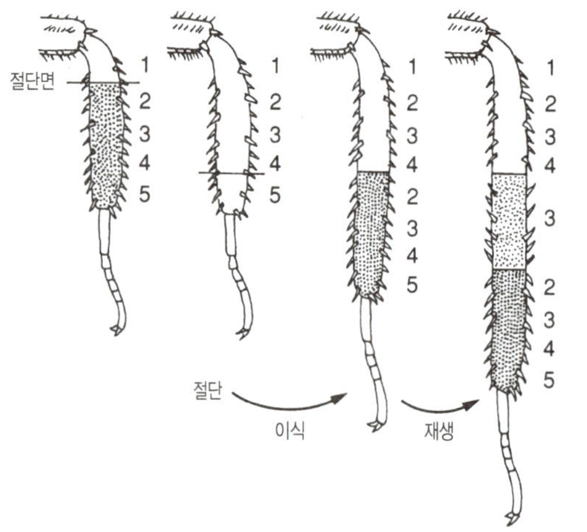

그림 11.10A 극성의 연속성(바퀴벌레의 다리이식과 재생)

재생시, 3을 삽입하는(새롭게 여분을 만든다) 것에 의해 기부말단극성의 연속성이 생긴다. 다리는 길어지고 새롭게 생긴 3의 부분은 가시가 역방향으로 되어 있다.

그라 불리우는 유전자를 유도하고 활성화한다는 것을 알았다. 소닉헷지호그유전자가 만드는 단백질은 여러 부위의 형태형성에서 극성화의 시그널이 되는 것으로 알려지고 있다. 현재로는 ZPA에서 발현되는 소닉헷지호그유전자와 *Hoxa*와 *Hoxd* 유전자의 발현 패턴이 전후극성을 결정하고 있다고 생각된다.

지아의 배복극성은 외배엽이 결정하고 있다. 지아의 외배엽과 중배엽을 분리해 중배엽의 배복 방향을 거꾸로 해서 외배엽과 조합시켜도 그 지아의 배복극성은 외배엽의 극성과 같게 된다. 그 때, 외배엽의 배측 유전자 윈트-7a가 배측의 중배엽을 배측화 하고, 외배엽의 복측 유전자 엔그레일드가 복측의 중배엽을 복측화 하는 것이 알려져 있다.

이 같은 기관형성의 대표 예인 사지의 형성에서는 3개의 극성에 따르는 세포와 배엽 간의 상호작용적인 유도가 주도적인 역할을 완수하고 그 실현을 위해서 유전자산물인 단백질에 의한 유전자 발현이 깊이 관여하고 있다.

3개의 극성을 개체 전체에 통일적으로 관련해 확립되어 있는 것으로 연속성을 가진다. 1개의 극성도 물질의 농도구배처럼 연속적인 구배이지만, 이식시 등처럼 인위적으로 2개의 극성을 불연속으로 병렬하는 위치에 배열해 이식한 경우에서도 이식편은 단순히 유착해 불연속인 극성을 만드는 것은 아니다(그림 11.10). 발생과

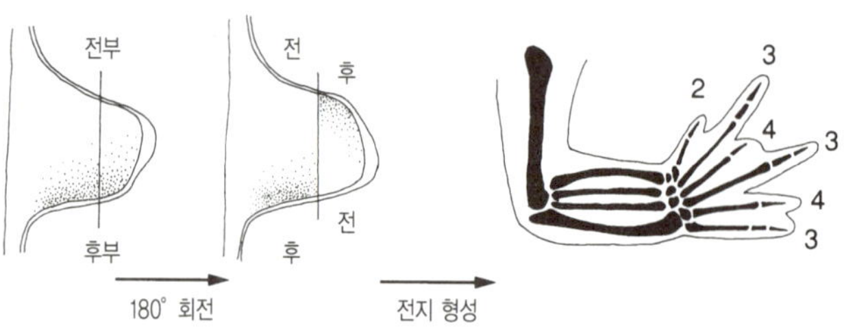

그림 11.10B 극성의 연속성

닭의 전지 지아의 선단부를 180° 회전하여 생긴 기형. 3을 여분으로 만듦으로써 전후극성의 연속성이 생긴다.

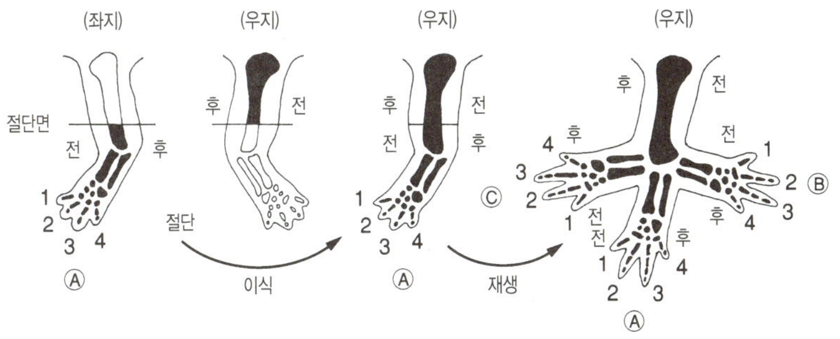

그림 11.11 영원의 왼쪽 후지의 선단부를 오른쪽 후지의 기부에 이식

발생이 진행되고 전후극성이 확립된 후의 후지의 이식과 재생. A는 그대로 유착한 것은 아니고, B와 C를 삽입하는(새롭게 만든다) 것에 의해 전후극성의 연속성이 생긴다.

정의 이식편 유착에서는 세포증식에 의해 연속성이 유지된다. 예를 들어, 그림 11.9에서와 같이 동일한 연속성을 만드는가? 그것이 불가능한 경우에는 새로운 구조를 삽입하는(새롭게 여분의 부분을 만든다) 것에 의해 연속성을 형성한다(그림 11.10A, B). 그 좋은 예가 후지의 좌우교환이식의 경우이다. 재생시에 여분의 다리가 생겨 3개의 후지로 된다(그림 11.11).

지아가 생장하고 최종적으로 발가락이 형성된 때에는 프로그램된(발생과정에서 예정된) **세포사**(細胞死, Apotopsis)가 중요하다. 그림 11.12는 세포사유전자에 의한 것으로, 형태형성의 과정에서 발가락 사이의 세포가 사멸하는 것으로 발가락을 분리시킨다. 세포사가 불충분한 때는 물갈퀴로 남는다. 이것도 중배엽의 유도에 의한 것으로 집오리의 다리의 중배엽을 닭의 다리에 이식하면 닭에도 물갈퀴가 생기고 닭의 다리 중배엽을 집오리 다리에 이식하면 집오리에도 물갈퀴는 생기지 않는다. Apotopsis는 도달하는 곳에서 일어나는 현상으로 형태형성에는 부족하지 않다. 발생 도중에 조직과 기관의 퇴화는 Apotopsis에 의한 현상이고, 번태시의 유생기관의 퇴화도 Apotopsis에 의한다.

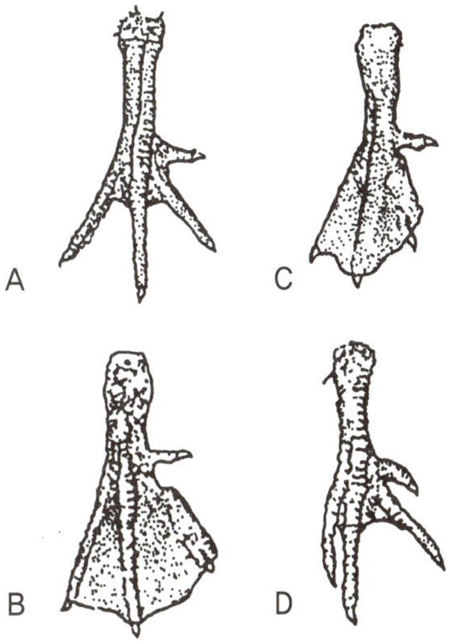

그림 11.12 조류의 다리형성과 세포사

A: 정상적인 닭의 다리, B: 정상적인 집오리의 다리, C: 닭 후지아의 중배엽을 집오리의 후지아 중배엽과 교환한 닭의 다리, D: 집오리 후지아의 중배엽을 닭 후지아의 중배엽과 교환한 집오리의 다리

11.4 신경계의 형성

신경관은 뇌 · 척수의 중추신경으로 되나 신경관에도 두미에 따라 극성과 배복의 극성이 있다. 두미의 방향에는 두부, 흉부, 복부, 손발 등에 말초신경이 순서정연하게 분포한다. 또한, 배복의 방향에서는 몸에 따라서 배측으로 개재신경이 분화하고 척수신경절에서 감각신경의 돌기가 분포한다. 복측에서는 운동신경이 분화하고 신경돌기를 뻗친다. 여기에서도 극성과 유도가 관여한다.

삼배엽이 분화한 후 척색 중배엽에 접한 외배엽은 구스코이드, 노긴, 코르딘유전자 등의 단백질에 의한 유도로 신경계로 분화한다. 이 때 신경판의 세포는 상피성의 접착인자인 E-카드헤린 등을 잃는다. 표피로 되는 외배엽을 떠나 신경관과 신경제로 되고, 접착인자는 N-카드헤린이나 N-CAM으로 변하는 것이 알려져 있다(그림 9.11 참조).

신경세포의 분화에는 전사조절인자인 뉴로제닌유전자나 뉴로 D 유전자의 발현이 필요하지만, 그 발현조절에는 델타와 노치단백질이 관여하고 있다(그림 11.13). 델타와 노치유전자의 발현에 의해 생긴 단백질은 서로 세포막에 분포하고, 델타단백질이 리간드로 되어, 노치단백질이 그 수용체로 되는 대응관계를 가져 인접세포와 접한다. 처음 각 세포는 뉴로제닌, 델타, 노치의 유전자를 발현하고 있지만 그 중, 특히 1개의 세포가 델타유전자의 발현이 강하게 되면 그것에 인접하는 모든 세포의 델타단백질의 발현이 억제되어 뉴로제닌유전자의 발현도 억제되어 신경세포로의 분화가 저해된다. 중앙의 델타유전자의 발현이 강한 세포에서는 뉴로제닌유전자의 발현에 의해 전사인자인 뉴로 D 유전자의 발현을 유발하고 신경세포로의 분화를 유도한다. 델타유전자의 과잉 발현은 주위에 있는 보다 많은 세포의 신경세포로의 분화를 저해하므로 신경세포의 수는 감소하는 것으로 된다. 반대로 일부 세

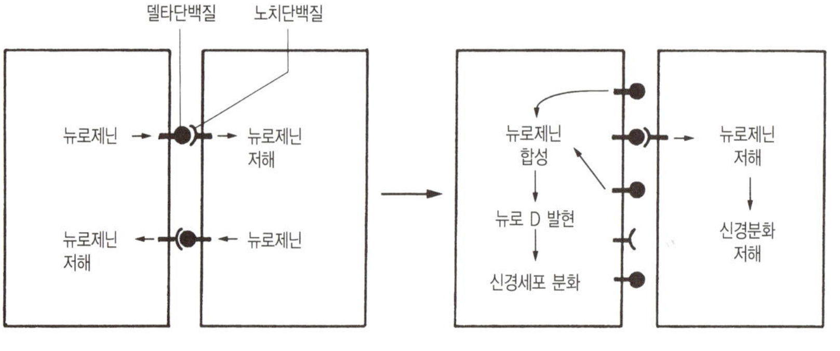

그림 11.13 **신경세포의 분화에 있어서 델타와 노치유전자**

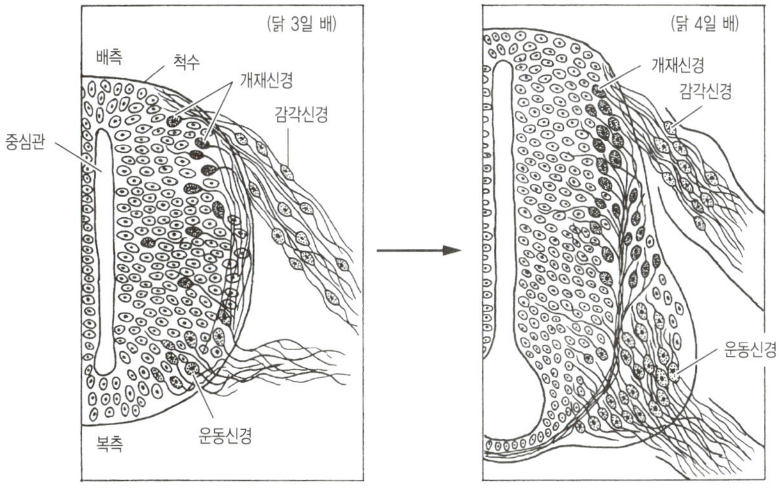

그림 11.14 **신경세포의 분화**

포, 특히 강한 델타유전자 발현의 억제는 주위 세포의 델타유전자 발현을 억제하지 않으므로 신경세포의 수를 증가하는 것으로 된다.

신경관의 세포는 이동해서 상피성에서 간충직세포로 변하고 감각신경이나 자율신경계가 된다. 신경관은 뇌와 척수로 되어 중추신경계로 된다. 이들 세포는 당연히 몸의 전후극성에 따라 배열하는 것이나, 그 배열한 전후의 위치에 의한 분화는 *Hox* 유전자군의 지배에 의한 것으로 생각된다. 특히 앞부분 신경관의 뇌로의 분화, 뇌의 세분화에 *Hox* 유전자군이 관여한다.

한편, 신경관의 배복극성에 따르는 분화가 있다. 신경관이 척수로 되면 복측으로 운동신경, 측면이나 배측으로 개재신경이 분화하고 배측으로 감각신경이 들어온다(그림 11.14).

신경관의 배측과 복측의 차이도 유전자 발현이 지배한다. 신경관의 세포가 신경세포로 되는지의 여부는 위의 세 가지 유전자, 특히 델타유전자의 발현이나 델타단백질의 양에 좌우되는 듯하나 그들이 복측의 운동신경으로 되는가, 배측의 개재신경으로 되는가는 복측과 배측에서의 시그널에 의한다. 신경관의 측면에 척색을 이식하면 그것과 접하는 부분의 신경관에서부터 운동신경이 분화한다.

신경관형성의 초기, 신경판이 닫혀 신경관이 되기 전부터 호메오박스유전자인 *Pax* 유전자군의 발현이 인정되고 있다. 척색(중배엽)에서는 사지의 형성에도 관여하는 소닉헷지호그유전자가 발현하여 신경관이 형성되면, 소닉헷지호그단백질의 영향으로 *Pax* 유전자의 발현이 저해되어 신경관의 내측의 척색에 접하는 측은 복측으로 되는 운동신경이 분화한다. 역으로, 배측에서는 신경관에 접하는 상피세포

(외배엽)에 BMP 유전자와 도사린 1 유전자가 발현하고 그 단백질이 시그널로 되어 신경관의 배측을 결정짓는다. 그리고 개재신경이 분화하여 척수신경절에서의 감각신경의 분포역으로 된다. 결국, 신경관은 중배엽과 외배엽의 양쪽에서의 길항하는 시그널을 받아 배복극성에 따른 분화를 완성한다(그림 11.15).

게다가, 이들 신경 내에서의 세분화도 일어난다. 예를 들면, 같은 운동신경에서도 신경관의 복측중심에 가까운 신경은 몸통의 근육에 분포하고, 복측중심에서 조금 떨어진 신경은 사지의 복측 근육에 좀더 떨어진 신경은 사지의 배측 근육에 분포한다. 이같은 차이는 *Lim*이라는 호메오박스유전자군의 편성(조합)에 의한다. 또, 전후에 따른 신경의 분포는 각 부위의 중배엽이 거기에 접하는 척색에 영향을 주고, 그 부위에 적응한 *Lim*과 *Hox* 유전자군의 발현을 유도하는 것에 의해 전후극성에 따라 바른 위치를 보이고 뇌와 척수에서의 신경을 바른 위치에 분포시킨다.

여기에서는 상세한 것은 피하지만, 이들의 각 신경이 신경돌기를 바른 위치에 뻗는 것은 **성장원추**로 불리는 신경돌기 선단의 감수성에 의존한다. 동물의 종, 신경의 종류에 따라 다르지만 성장원추는 뻗어가는 통로의 세포의 종류, 세포외기질 등을 인식해 돌기를 뻗고 표적기관이 분비하는 확산성 분자에 대한 주화성을 보이는 경우도 있고, 뻗어가는 통로의 물질분자의 농도구배에도 반응한다. 뻗어가는 통로

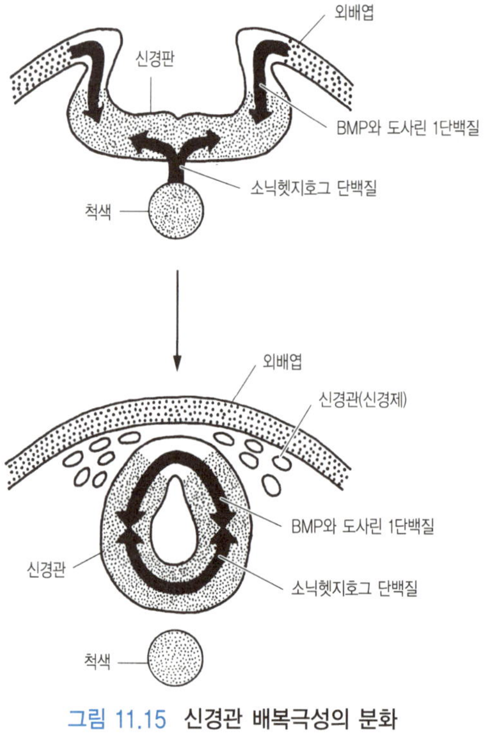

그림 11.15 **신경관 배복극성의 분화**

에 특이적인 안내를 위해 지표세포가 있는 경우도 있다. 물론 신경의 종류, 특징은 이미 설명한 유전자 지배에 의한 것도 있고, 극성에 따르는 배치가 필요하다. 신경관 등을 본래의 장소 이외에 이식한 경우, 그곳에서 신경세포가 돌기를 뻗는 것이 가능해도 정상 기능을 해내는 신경돌기로는 되지 않는다.

읽을거리 11. 사람 세포의 수명

동물의 세포는 분열에 의해 일정한 수까지 늘어나면 분열하지 않는 것으로 알려져 있다. 사람의 세포도 근육세포나 신경세포가 증식하는 것은 태아시기까지이고, 출생 후는 발달만 할 뿐 증식하지는 않는다. 피부나 소화관상피 혹은 혈액세포나 림프구도 손실된 양만큼 보충하기 위하여 증식하는 것으로 생각된다. 그러나 분열은 멈추어도 그 세포가 그 후 어느 정도 살아있는가가 그 세포의 수명이 된다.

사람의 태아나 신생아의 섬유아세포는 배양하면 약 50회의 분열을 행하는 것이 가능하나, 고령자의 섬유아세포는 배양해도 10회 정도에서 분열은 정지해버린다. 동물세포는 세포분열의 횟수가 결정되어 있고, 이 분열정지가 세포노화로 생각되고 있다.

이 생각은 단지 개념적이며 분열횟수를 결정하는 방법은 알지 못하였다. 최근 진핵세포의 염색체 양쪽 끝(선상 DNA의 양쪽 말단)에 소립이 있다는 것이 발견되어 **Telomere**라 불리는데 염색체의 융합이나 분해를 막고 있다고 생각된다. Telomere에는 특수한 염기배열을 가진 Telomere DNA가 있다. 세포는 분열할 때마다 DNA의 반보존적 복제를 행하지만, 복제개시에는 primer 등 몇 개의 개시인자가 결합하므로 DNA의 말단부분이 완전하게 복제되지는 않는다. 이 복제되지 않는 부분이 Telomere DNA이고 세포분열을 할 때마다 Telomere DNA는 짧아진다(신생아의 Telomere 길이는 15kb, 고령자는 5kb). 그렇기 때문에 유전자 DNA는 완전히 복제되나 Telomere DNA는 점차 짧아져 일정 길이로 짧아지게 되면 세포분열은 정지하게 된다. 이 Telomere DNA의 길이가 세포분열의 횟수를 결정짓는다고 생각하고 있다.

Telomere DNA가 짧아지는 것을 막는 것이 **Telomerase**(Telomere DNA 합성효소)이다. 세포분열을 행하는 생식세포에는 Telomerase 활성이 있고 Telomere는 길다. 최근 Telomerase를 만드는 유전자(TERT)가 클론

화되어 Telomerase의 활성을 보이지 않는 체세포에 TERT 유전자를 도입하면 Telomerase 활성을 보이게 되며, Telomere DNA가 길어져 활발히 분열한다는 사실이 밝혀졌다. 이 연구는 Telomere DNA가 짧아지는 것이 세포 노화의 원인이고 그것을 지배하고 있는 것이 TERT 유전자의 발현유무에 있다는 것이 증명되었다.

표피나 혈구 등이 분열·증식이 가능한 것은 Telomerase 활성이 있어 Telomere의 길이를 긴 그대로 유지하고 있기 때문으로 생각된다. 이 효소는 세포분열의 정지를 막는 방법으로서 매우 중요하게 생각되나 분열이 멈춘 세포수명의 장수화나 개체의 장수화와는 연결지을 수 없다.

참고문헌

- 石原勝敏:「발생의 프로그램」, 裳華房(1986)
- 小林英司, 山上健次郎 編:「발생 프로세스와 메커니즘」, 동해대학 출판회(1991)
- 淺島誠 편저:「발생생물학」, 朝倉서점(1996)
- 岡田益吉 편:「발생유전학」, 裳華房(1996)
- 石原勝敏:「현대생물학」, 朝倉서점(1998)
- 長嶋比呂志:「동물의 인공생식」, 裳華房(1990)
- 山名淸隆:「개구리의 몸만들기」, 공립출판(1993)
- 石原勝敏:「등으로 배는 뒤집힐까?」, 裳華房(1996)
- 東條英昭:「동물을 만드는 유전자공학」, 講談社(1996)
- 岡田益吉:「곤충의 발생생물학」, 동경대학출판회(1988)
- 安藤裕:「곤충발생학입문」, 동경대학출판회(1991)
- 團勝裕, 關口晃一, 安藤裕, 渡邊裕 共編:「무척추동물의 발생(상 · 하)」, 培風館(1988)
- 岡田節人 編:「척추동물의 발생(상)」, 培風館(1989)
- 中村桂子, 藤山秋佐夫, 松原謙一 감역:「세포의 분자생물학」, 教育社(1995)
- B. Albert, *et al.*: "Molecular Biology of The Cell". Garland Publishing, Inc. New York(1994)
- 白井敏雄 감역:「패턴생물학」, 西村서점(1990)
- B. M. Carlson: "Patten's Foundation of Embryology". McGraw-Hill, Inc. New York(1988)
- 星野一正 역:「MOORE 인체발생학」, 醫齒藥出版(1979)
- P. D. Nieuwkoop and L. A. Sutasurya: "Primordial Germ Cells in the Chordates". Cambridge University Press, Cambridge(1979)

- K. L. Moore: "The Developing Human". Saunders Co., Philadelphia(1977)
- W. Bloom and D. W. Fawcett: "A Textbook of Histology". Saunders Co., Philadelphia(1975)
- J. C. Dan: "Fertilization". Vol. 1, Acrosome Reaction and Lysins, Acad. Press Inc., New York(1967)
- J. Lash and J. R. Whittaker: "Concepts of Development". Sinauer Associates, Inc., Stamford(1974)
- S. F. Gilbert: "Developmental Biology". Sinauer Associates Inc., Sunderland(1997)
- L. Wolpert: "Principles of Development". Oxford University Press, Oxford(1998)
- D. W. Fawcett, *et al.*: Develop. Biol., 26, 220(1971)
- K. F. Liem, Jr., *et al.*: Cell, 82, 969(1995)
- M. Lohs-Schardin: Wilhelm Roux's Archives, 191, 28(1982)
- H. Rouhola-Baker, *et al.*: Trends in Genetics, 10, 89(1994)
- E. D. De Robertis, *et al.*: Development, Supplement, 167(1992)
- M. A. Vodicka and J. C. Gerhart: Development, 121, 3505(1995)
- J. J. Henry, *et al.*: Development, 114, 931(1992)
- S. Kochav and H. Eyal-Giladi: Science, 171, 1027(1971)

찾아보기

ㅅ

ㅇ

ㅈ

ㅊ

ㅋ

ㅌ

ㅍ

ㅎ

▣ 역자 약력

이 화 자

- 부산대학교 대학원 이학석사
- 제주대학교 자연과학대학 생명과학과 교수

<주요 저서>

- 세계동물백과, 교원, 2004년
- 생명과학실험서, 제주대학교 출판부, 2004년
- 인체생물학, 정문각, 2003년
- 실험동물비교해부학, 형성출판사, 1999년
- 동물대백과 제14권 수생동물, 아카데미서적, 1995년
- 생물학실험, 아카데미서적, 1993년

도해 발생생물학

2009년 1월 5일 초판 인쇄
2009년 1월 15일 초판 발행

역 자 이화자
발행자 김시동
발행처 정문각

서울특별시 마포구 대흥동 210-1 봉화빌딩
TEL. 713-0421~3 FAX. 704-6265
등 록 1990년 10월 25일 9-246호
전자우편 jungmunk@unitel.co.kr
홈페이지 www.jungmunkag.co.kr

정가 17,000원

ISBN 978-89-7742-391-0 93470